SILKE HANSEN

... UND JETZT
DAS WETTER

DIE BELIEBTESTE MINUTE DER
tagesschau ①

DELIUS KLASING VERLAG

Himmlisches Feuerwerk:
Mit rund 1,2 Millionen Blitzen pro Jahr ist der Maracaibo-See
in Venezuela die blitzreichste Region der Welt.

Hinter den Kulissen:
Auch das Wetter im ARD-Mittagsmagazin kommt live aus Frankfurt.

1.

Wie alles anfing – die Historie des Tagesschauwetters
Seite 010

> 25 Bilder für 1 Sekunde – die Tricktechnik der Anfänge · Seite 012

> Über den Wolken – Computertechnik ändert den Blick auf das Wetter · Seite 019

2.

Das Azorenhoch und alles andere, was man über Wetter wissen sollte – wie Wetter entsteht
Seite 022

> Azorenhoch und Islandtief – Großwetterlagen · Seite 024

> So schwer wie ein Elefant – Wolken · Seite 040

> Ein kalter Winter in Danzig – Temperatur · Seite 072

> Stürmische Zeiten – Wind · Seite 077

> Schnell wie der Blitz – Wetterphänomene · Seite 083

> 500 Liter Regen in 6 Stunden – Unwetter · Seite 096

> Let it snow – das Wetter lässt sich verändern · Seite 104

> Ganz schön heiß – das Wetter beeinflusst unsere Gefühle · Seite 109

> Das Wetter ändert sich – der Klimawandel · Seite 120

3.

Die Entstehung einer Wetter-vorhersage – gar nicht so einfach

Seite 126

> Der Flügelschlag des Schmetterlings – Wetter vorhersagen ist ganz schön schwierig

Seite 129

> Ein Gitternetz – die Modelle der großen Wettercomputer

Seite 131

> Hamburg sonnig 20 °C – die aktuelle Wetterbeobachtung

Seite 132

4.

Ein Blick hinter die Kulissen – so kommt das Wetter heute in die Tagesschau

Seite 140

> Die Wetterkarte – die Erstellung der Wettergrafiken — Seite 142
> Es bleibt wechselhaft – die Texte entstehen — Seite 147
> Auf die letzte Minute – die Produktion des Tagesschauwetters

Seite 149

> Mehr als nur eine Vorhersage – auch das Wetter für das ARD-Mittagsmagazin kommt aus Frankfurt

Seite 154

Inhalt

1.

> 25 Bilder für 1 Sekunde – die Tricktechnik der Anfänge   Seite 012

> Über den Wolken – Computertechnik ändert den Blick

auf das Wetter   Seite 019

Wie alles anfing – die Historie des Tagesschauwetters

25 BILDER FÜR 1 SEKUNDE –
DIE TRICKTECHNIK DER ANFÄNGE

K aum ein Thema interessiert und fasziniert die Menschen so sehr wie das Wetter. Und so ist der tägliche Wetterbericht von Beginn an Teil der abendlichen Tagesschausendung. In den 1950er-Jahren erklärten Meteorologen wie Heinrich Kruhl vom Deutschen Seewetteramt in Hamburg live aus einem Studio beim Norddeutschen Rundfunk (NDR), wie sich das Wetter entwickeln wird. Mit dicken Kohlestiften zeichnete er Messwerte und Wolkenverläufe auf klassische Wettertafeln. Mit dabei waren die beiden Puppen »Sehbastian« und »Sehbienchen«, die je nach Wetterlage einen Schirm oder ein Jäckchen trugen. Wenn Schnee vorhergesagt war, schneite es kleine Papierflöckchen im Studio.

1960 wechselte die Zuständigkeit für den Wetterbericht vom Seewetteramt in Hamburg zum Deutschen Wetterdienst (DWD) in Offenbach und damit vom Norddeutschen Rundfunk zum Hessischen Rundfunk (HR). Denn in der ARD galt damals noch das sehr strenge »Ortsprinzip« – das heißt, dass jede Landesrundfunkanstalt ausschließlich über das berichtet, was in ihrem Sendebereich passiert. Und der Wetterbericht entstand zu diesem Zeitpunkt schließlich in Offenbach. So hatte am 1. März 1960 gegen Viertel nach acht »Die Wetterkarte«, die in internen Abrechnungen heute immer noch so heißt, unter dem Titel »Das Wetter morgen« Premiere. Mit dem Wechsel vom NDR zum HR änderte sich auch die Darstellung des Wetters in der Tagesschau. Beim Hessischen Rundfunk setzte man auf die damals sehr moderne »Tricktechnik«. Dafür wurden Papp-Vorlagen mit einer 16-mm-Trickkamera nacheinander abfotografiert. Aus vielen einzelnen Wetter-Bildern ergab sich so am Ende der Wetterfilm.

MIT DEM MOTORRAD IN DEN SENDER – DER TEXT

Die Texte für das abendliche Wetter kamen bereits gegen 15 Uhr per Auto oder Motorrad mit einem Fahrer des Hessischen Rundfunks vom Deutschen Wetterdienst in Offenbach zum Hessischen Rundfunk nach Frankfurt. Geschrieben wurden sie von Meteorologen des DWD in einer sehr streng reglementierten, sachlichen, meteorologischen Sprache. Zusätzlich zum Vorhersagetext zeichneten die Meteorologen zwei Karten, auf denen alle Hoch- und Tiefdruckgebiete sowie die wichtigsten Isobaren (die Linien gleichen Luftdrucks, siehe Seite 26) eingetragen waren. Eine Karte (in Schwarz) zeigte den »Ausgangszustand«, eine weitere (in Rot) den »Endzustand«. So konnten die Grafiker im »Funkhaus am Dornbusch« erkennen, wie sich die Druckgebiete über Europa bewegen würden. Ergänzt wurde der Wetterbericht durch Satellitenbilder, die immer am Anfang des

TEXT DER WETTERKARTE VOM 10.04.1963
Auf der Vorderseite des über Ostfrankreichs liegenden Störungsausläufers, liegt Deutschland heute noch im Bereich der aus Süden zufließenden Warmluft. Mit der weiteren Verlagerung der Störzone gelangt jedoch Deutschland in zunehmendem Maße unter den Einfluss der kühlen Meeresluft. Die Vorhersage bis morgen Abend: In ganz Deutschland anfangs überwiegend stark bewölkt bis bedeckt und strichweise Regen. Später von Westen her Bewölkungsauflockerung und nur noch einzelne schauerartige Niederschläge. Tiefsttemperaturen heute Nacht: 4 bis 7 °C. Mittagstemperaturen morgen zwischen 12 und 15 °C. Schwache bis mäßige Winde aus südlichen Richtungen.

Wetterberichts gezeigt wurden. In den frühen Jahren waren das einzelne Satellitenfotos, die von den Grafikern im HR mit der Trickkamera abgefilmt wurden. Mit der Einführung der Videotechnik schickten die Meteorologen aus Offenbach dann komplette Videofilme nach Frankfurt, die dort in den Wetterbericht eingebaut wurden.

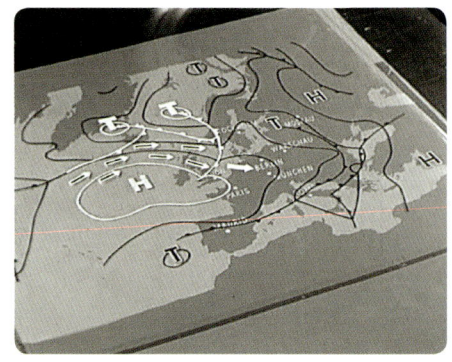

Von einer fließenden Bewegung der Druckgebiete war man in den 1960er-Jahren noch weit entfernt. Die Entwicklung der Luftmassen über Europa wurde in einzelnen Phasen dargestellt, die dann überblendet wurden. Die Meteorologen in Offenbach hatten dazu die Karten des Hessischen Rundfunks als Vorlage und zeichneten die Druckgebiete und Isobaren in die entsprechenden Vorlagen ein. In Frankfurt wurde die Bewegung der Hochs und Tiefs dann eins zu eins von den Vorlagen auf Trickfilmfolie abgezeichnet. Bei einfachen Wetterlagen nur

das Anfangs- und das Endbild. Zogen Wetterfronten über Deutschland hinweg, entschied man sich in einer telefonischen Absprache mit den Wetterexperten in Offenbach, den Verlauf des Wetters in mehreren Phasen darzustellen.

Die Trickfilm-Folien mit den eingezeichneten Isobaren wurden nun über die Europakarte gelegt und dann entsprechend der Länge des Textes abfotografiert. Für eine Sekunde Text benötigte

Dass 25 Einzelbilder 1 Sekunde Film ergeben, ist auch heute noch so. Allerdings werden die Bilder heute nicht mehr einzeln mit der Trickkamera aufgenommen, sondern digital erstellt.

man 25 Einzelbilder. Sollte die Ausgangssituation über Europa entsprechend des Textes zum Beispiel eine Länge von 5 Sekunden haben, musste der Grafiker also 125 Einzelbilder fertigen. Danach wurde die nächste Folie aufgelegt, und auch hier wurden entsprechend der Textlänge Einzelbilder fotografiert.

Genau so klar vorgegeben, aber etwas anders erstellt, wurde die Vorhersagekarte für Deutschland. Hier wurde der Trickfilm zunächst mit einer blauen Deutschlandkarte, auf der Flüsse und Städte, aber keine Grenzen eingezeichnet waren, belichtet. Das Wetter wurde danach in einer Art Doppelbelichtung

darüber gelegt. Dazu gab es »Lochmasken«, die nur bestimmte Bereiche offen ließen und Pappen mit Wetterereignissen, wie Sonne, Wolken oder Regen, die man darunter legte. So waren Regen oder Schnee nur in einem vorher genau bestimmten Bereich zu sehen. Die

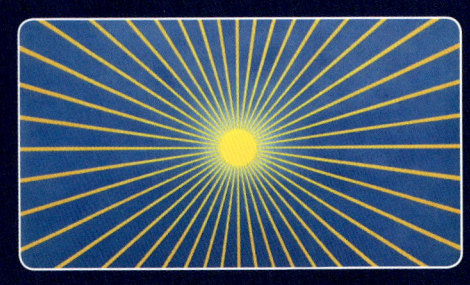

Vorgaben, welche Lochmaske wann zum Einsatz kam, kamen ebenfalls von den Meteorologen in Offenbach.

Da das Wetter in den Gebirgen häufig ein bisschen anders ist als in den Tallagen rundherum, gab es zum Beispiel Lochmasken, die nur die Alpen frei ließen oder den Schwarzwald. Andere Masken sparten den Norden aus oder den Südwesten. So konnte man das Wetter in ganz bestimmten Bereichen darstellen. Die Grafiker in Frankfurt setzen die Vorgaben des DWD eins zu eins um. War das Bild starr, zum Beispiel bei Sonnenschein, wurden entsprechend der Länge des Textes mehrere einzelne Trickbilder derselben Grafik gemacht. Brauchte die Grafik Bewegung, zum Beispiel bei Regen, wurde die Pappe

fest auf dem Tisch fixiert und dann der gesamte Tisch unter der Maske bewegt. Bei jeder Bewegung wurde ein Trickbild gemacht. Aneinandergereiht entstand so eine Bewegung, und es sah im Film so aus, als würde der Regen fallen. Um Gewitter darzustellen, öffnete der Grafiker die Blende der Kamera komplett und fotografierte ein weißes Blatt Papier. Im Film sah das dann aus wie ein Blitz.

Zum Schluss kamen noch die Windrose und Temperaturen dazu. Die Windrose entstand durch Pfeile, die entsprechend der Vorgaben auf der Karte verschoben wurden. Die Temperaturzahlen wurden mit »Anreibezahlen« auf die Trickfilmfolie gerubbelt und dann abfotografiert. Einen Überblick über das Wetter der kommenden Tage gab es in den 60er-Jahren noch nicht.
Die Filme wurden exakt passend zum Text in der entsprechenden Länge und der entsprechenden Reihenfolge aufgenommen. Eine spätere Änderung war nicht möglich. Machte einer der Grafiker einen Fehler, musste er wieder ganz von vorn anfangen.

Der fertige Film kam zur Entwicklung ins »Kopierwerk«. Die 30 bis 45 min, die bis zur fertigen Entwicklung des Filmes nötig waren, nutzte der Grafiker, um den

Text mit Kohlepapier auf einer Schreibmaschine abzutippen. Ein Exemplar war für den Grafiker selbst, eines für den Sprecher des Wetterberichts und eines für den Leiter vom Dienst (LvD) der ARD. Der LvD ist für den Ablauf der Sendungen in der ARD verantwortlich und schaltet die entsprechenden Programme »auf«, die das Programm der ARD bilden. Er muss daher den Text, und vor allem die letzten Worte kennen, um zu wissen, wann er das nachfolgende Programm starten oder abrufen muss.

Als die Satellitenbilder noch Fotos waren und in der Tricktechnik abgefilmt wurden, war der Wetterfilm – also das »Bild« – mit der Entwicklung im Kopierwerk fertig. In späteren Jahren, als die Satellitenbilder in Form eines Videofilms vom Deutschen Wetterdienst geliefert wurden, musste der Videofilm zunächst auf eine U-Matic-Kassette (einem Vorgänger der Videokassette) kopiert und dann in den Wetter-Trickfilm eingefügt werden.

N achdem der Film fertig war, fehlte nun noch der Ton zum Bild. Verlesen wurden die Texte des DWD von Sprechern des HR. Die bekanntesten Sprecher waren Hans-Joachim Scherbening und Hans-Helmut Sievert, die über viele Jahre die

Das »piiiep piiiep piep piiiep piep piiiep piiiep piiiep« (− − · − / · − / − −) das früher immer am Ende jedes Wetterberichtes kam, wenn die Windrose eingeblendet wurde, entstammt übrigens der Luftfahrtkommunikation. Es ist der internationale Morse-Code der Buchstaben QAM, die zur »Q-Gruppe« gehören. Diese Schlüssel werden zur schnellen Übertragung von Standardnachrichten genutzt. Die Kombination QAM heißt so viel wie »Wie ist das Wetter am Landeplatz?«. Hängt man an den QAM-Code noch die Uhrzeit, die Abkürzung für den Landeplatz und bestimmte Abkürzungen, die das Wetter beschreiben, dann beschreibt es das Wetter an dem Landeplatz zu eben dieser Uhrzeit.

Ein QAM-Code

QAM 2000 HB
Wolkig 20 km Wolken 1000 m 1/8 4/8
NW 30 km/h

würde beispielsweise sagen: Das Wetter am Flughafen Hamburg um 20 Uhr ist wolkig. Die Sichtweite beträgt 20 km, die niedrigsten Wolken hängen auf 1.000 Meter und bedecken 1/8 des Himmels. Die Gesamtbewölkung beträgt 4/8. Der Bodenwind kommt aus Nordwest und weht mit 30 km/h.

Stimmen des Tagesschauwetters waren. Im Gegensatz zu heute, in denen der Wettertext fast keine längeren Pausen enthält, nahm man sich früher etwas mehr Zeit und ließ das Bild auch schon mal einige Sekunden ohne Text stehen. Damit die Sprecher genau wussten, wann ihr nächster Einsatz war, bedienten die Grafiker im Vorraum des Aufnahmestudios einen Schalter, der im Studio einen Lichtimpuls auslöste. Für den Sprecher war dies das Zeichen weiterzulesen.

War die Sprachaufnahme gemacht und der Wetterbericht damit komplett fertig, brachte der Grafiker ihn zum »Filmgeber«. Von hier aus wurde der Film zum NDR nach Hamburg überspielt, der bis heute die Tagesschau produziert. Spätestens um 19:30 Uhr sollte der Film dort vorliegen. In Einzelfällen durfte es auch schon mal 19:55 Uhr werden, was aber die ganz große Ausnahme war.

Das Wetter der Tagesschau um 20 Uhr war immer 90 Sekunden lang. Das entspricht 2.250 Einzelbildern oder etwa 30 Metern Film. Zeichnete sich ab, dass die Wetterlage kritisch werden würde, durfte die Vorhersage – nach Rücksprache mit den Kollegen der Tagesschau – ausnahmsweise auch mal 100 Sekunden lang werden. Heute ist das Wetter in der Tagesschau um 20 Uhr nur noch 45 Sekunden lang.

Während mithilfe der heutigen modernen Computertechnik Designänderungen in wenigen Wochen entwickelt und umgesetzt werden können, dauerte es früher schon mal eineinhalb Jahre vom ersten Entwurf bis zum fertigen Wetterfilm in der Tagesschau um 20 Uhr.

Zwei Fragen an Richard Köhler, studierter Grafikdesigner, der seit 1985 beim Hessischen Rundfunk und seit 1989 in der Wettergrafik arbeitet:

Was ist das Besondere daran, Wetterkarten zu erstellen?

»Das Besondere ist für mich immer wieder die Übersetzung von Texten, Zahlen und Prognosen in eine verständliche grafische (TV-)Bildsprache. Dazu kommt mein eigenes langjähriges Interesse am Wettergeschehen. Und besonders spannend ist es natürlich, am Tag nach der Sendung das reale Wetter mit der von mir bebilderten Prognose zu vergleichen.«

Was sind die größten Unterschiede zwischen damals und heute?

»Die Arbeitsabläufe der analogen Trickfilmtechnik erforderten andere Vorbereitungszeiten. Heute kann auf (Wetter-)Veränderungen sehr kurzfristig reagiert werden. Zudem können zusätzliche Informationen, wie z. B. Warnungen wesentlich präziser in grafische Darstellungen eingefügt werden. Die Zusammenarbeit und Abstimmung mit Meteorologen und Redakteuren direkt am Arbeitsplatz bzw. am Grafik-Computer sind Voraussetzung für eine zuverlässige grafische Umsetzung.«

ÜBER DEN WOLKEN – COMPUTERTECHNIK ÄNDERT DEN BLICK AUF DAS WETTER

Anfang der 90er-Jahre hielt die Computertechnik Einzug in die Grafik des Hessischen Rundfunks. Zunächst mit Computern wie »Paintbox« oder »Harry«. Zwei Grafikcomputer, die die Trickfilmtechnik digital machten, indem sie die Arbeitsweise der Trickfilmtechnik auf den Computer übertrugen. Das heißt, dass auch hier noch mit Lochmasken und festen Karten gearbeitet wurde. Nun aber nicht mehr mit einer Kamera, Pappen mit Wolken darauf und einzelnen Trickbildern, sondern mit einem Computer, der die Vorlagen gespeichert hatte und die Bilder digital rechnete. Die Umstellung von der Trick- auf die Computertechnik war ein großer Schritt und dauerte über ein Jahr. Später wurden »Paintbox« und »Harry« von einem »HAL« abgelöst. Ein neueres Gerät, das nach demselben Prinzip arbeite, aber deutlich schneller war. Die Wetterberichte konnten so in deutlich kürzerer Zeit erstellt werden.

Die Umstellung auf die neue Technik war eine teure Angelegenheit. Noch wurde beim Hessischen Rundfunk nur

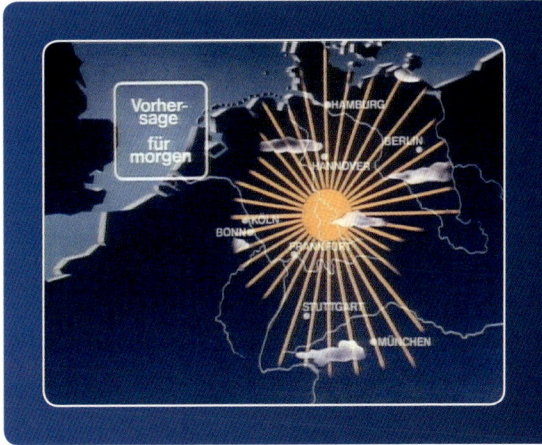

eine Wettervorhersage – das Wetter für die Tagesschau um 20 Uhr – produziert. Eine einzelne »Paintbox« kostete damals 120.000, ein »HAL« 300.000 D-Mark.

EINE EIGENE WETTERREDAKTION – DIE SPRACHE IM WETTERBERICHT ÄNDERT SICH

Der nächste große Schritt kam 1993. Zunächst gründete der Hessische Rundfunk eine eigene Wetterredaktion. Die Wetterinformationen kamen noch immer vom Deutschen Wetterdienst, aber die sachlich-meteorologischen Texte wurden jetzt von Moderatoren und Redakteuren journalistisch aufbereitet. Das war das Ende des »Ausläufers eines Tiefs über der Biskaya« und der »Niederschläge«. Die »Ausläufer eines Tiefs« wurden nun zu »Wolkenbändern«, die Regen brachten, und die Niederschläge wurden ganz konkret als Regen oder Schnee benannt.

Durch eine Gesetzesänderung war es dem DWD ab dem Jahr 2004 nicht mehr möglich, »private Kunden« wie den HR mit fertigen Wettervorhersagen zu versorgen. Die staatliche Behörde sollte und soll sich ganz auf ihren gesetzlichen Informations- und Forschungsauftrag konzentrieren. Dazu gehören die Sicherung der Luftfahrt, der Schifffahrt und der Verkehrswege, die Herausgabe von amtlichen Unwetterwarnungen und der Betrieb der erforderlichen Mess- und Beobachtungssysteme. Reine Wetterdaten stellt der Deutsche Wetterdienst mittlerweile kostenlos zur Verfügung. Über einen »Open Data«-Server sind die meteorologischen Messwerte und Auswertungen für jeden jederzeit frei zugänglich.

In Frankfurt nutzte man das Verbot der Belieferung als Chance, meteorologisches Knowhow in den Sender zu holen und erweiterte die Redaktion um ein Meteorologenteam.

DAS PROGRAMM »TRIVIS« – DAS BILD ÄNDERT SICH

1995 änderte sich die Darstellung der Wettervorhersage grundlegend. Mit den Worten »Der Blick auf Europas Wolkenzukunft« von Christine Kolb, der damaligen Leiterin der Wetterredaktion, begann am 02. Oktober 1995 der erste Wetterbericht der neuen Grafikgeneration. Der Satellitenfilm zu Beginn des Wetterberichtes verschwand, und aus den starren Wolkenpappen der 1960er-Jahre wurden computeranimierte Wolken, die den Bewölkungsverlauf des kommenden Tages wiedergaben. Die Wettervorhersage begann von da an mit einem Blick nach vorn.

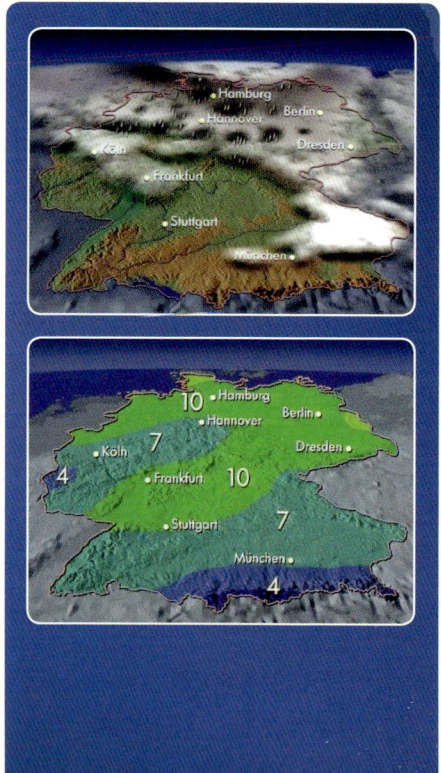

Verantwortlich dafür war das Programm »TriVis«. Das Computerprogramm, dessen Filme auch heute noch Basis der Tagesschaufilme sind, ist eine gemeinsame Entwicklung des Deutschen Wetterdienstes, des Fraunhofer Instituts in Darmstadt und des Hessischen Rundfunks. Die Vorhersage der großen Wettercomputer (siehe Seite 131 ff.) wurde bis dato in zweidimensionalen Karten in einer stündlichen Auflösung dargestellt. »TriVis« macht aus den zweidimensionalen Karten dreidimensionale Filme. Während man mit der alten Tricktechnik den Ablauf des Wettergeschehens nur ganz grob darstellen konnte, zeigen die neuen Filme nun den genauen zeitlichen und örtlichen Verlauf des Wetters in den kommenden 24, 48 oder 72 Stunden.

Bei einem Redesign der Grafik entschieden sich die Verantwortlichen Anfang der 2000er-Jahre der Einfachheit halber dafür, die kleine Uhr wegzulassen. Unzählige Beschwerden waren die Folge. Fahrradfahrer nutzen beispielsweise die Vorhersagen, um zu schauen, ob sie es trocken von A nach B schaffen, Brieftaubenzüchter finden mithilfe des Wolkenfilms die optimale Startzeit für Ihre Tauben. Als Reaktion auf die zahlreichen Beschwerden wurde die Uhr wieder in die Grafik eingebaut – und da ist sie auch bis heute.

Die neue Technik bedeutete zunächst einmal mehr Arbeit. Denn die Computerfilme des Programms »TriVis« sind nur die Darstellung eines einzelnen Computermodells. Meteorologen, die regionale Besonderheiten oftmals besser einschätzen können als ein Computer und sich darüber hinaus die Modelle verschiedener Wetterdienste anschauen, kommen häufig zu einer anderen Vorhersage. Die Roh-Wetterfilme müssen daher – nach den Angaben der Meteorologen – von den Grafikern noch nachbearbeitet werden.

So begann Mitte der 1990er-Jahre der Arbeitstag für das Wetter der Tagesschau um 20 Uhr bereits morgens um 10 Uhr mit dem »Einstellen« der Wolken. Wolke ist bekanntlich nicht gleich Wolke und damit die Wolken farblich und strukturell auch so aussehen, wie sie aussehen sollen, wurde mit verschiedenen Parametern in »TriVis« nachjustiert. Heute ist die Darstellung der Wolken deutlich besser: Es müssen nur noch kleine Korrekturen vorgenommen werden, und die Arbeiten für das Wetter in der Tagesschau um 20 Uhr beginnen erst am späten Nachmittag.

Seit den 1990er-Jahren sind die Computer kleiner, schneller und günstiger geworden, und das Design hat sich mehrfach geändert. Es gibt nicht mehr nur das Wetter in der Tagesschau um 20 Uhr, sondern in unzähligen weiteren Ausgaben. Die ersten Ausgaben sind schon am frühen Morgen, die letzten spät in der Nacht. Dazu kommen noch Tagesthemen, Nachtmagazin, ARD-Mittagsmagazin, ARD-Buffet und das »Wetter vor acht«. Aus der »Wetterkarte« in der ARD sind heutzutage also ganz viele geworden. An der grundsätzlichen Arbeitsweise hat sich aber seit den 1990er-Jahren nicht viel geändert (siehe Seite 122 ff.).

2.

> Azorenhoch und Islandtief – Großwetterlagen   Seite 024

> So schwer wie ein Elefant – Wolken   Seite 040

> Ein kalter Winter in Danzig – Temperatur   Seite 072

> Stürmische Zeiten – Wind   Seite 077

> Schnell wie der Blitz – Wetterphänomene   Seite 083

> 500 Liter Regen in 6 Stunden – Unwetter   Seite 096

> Let it snow – das Wetter lässt sich verändern   Seite 104

> Ganz schön heiß – das Wetter beeinflusst unsere Gefühle   Seite 109

> Das Wetter ändert sich – der Klimawandel   Seite 120

Das Azorenhoch und alles andere, was man über Wetter wissen sollte – wie Wetter entsteht

AZORENHOCH UND ISLANDTIEF –
GROSSWETTERLAGEN

Auch wenn es sich manchmal so anfühlt – über uns und um uns herum ist nicht Nichts. Zunächst mal ist Luft ein Gemisch verschiedener Gase. Den größten Anteil haben die Gase Stickstoff (78 %), Sauerstoff (21 %) und Argon (0,9 %). Kohlenstoffdioxid (CO_2) hat zwar mit einem Anteil von weniger als 0,04 % nur einen ganz geringen Anteil an der Atmosphäre, spielt aber dennoch beim Klimawandel eine große Rolle. Denn CO_2 gehört zu den Bestandteilen der Atmosphäre, die die Wärmestrahlungen der Erde reflektieren. Gäbe es kein CO_2 und keine anderen Treibhausgase in der Atmosphäre, könnte die Wärme ungehindert ins All entweichen und die Durchschnittstemperatur auf der Erde läge schätzungsweise bei durchschnittlich – 18 °C. Mit CO_2 und anderen Treibhausgasen liegen die Temperaturen derzeit dagegen bei rund + 15 °C. Nimmt der Anteil von CO_2 weiter zu, wird die Oberflächentemperatur weiter steigen.

Luft hat auch ein Gewicht, und zwar ein ganz ordentliches: Die gesamte Atmo-

sphäre wiegt 5 Billiarden Tonnen. Das entspricht einem Bleiwürfel mit einer Kantenlänge von fast 77 Kilometern. Die Luft über uns ist also tatsächlich richtig schwer. Auf Meereshöhe beträgt der mittlere Luftdruck etwa 1.013 Hektopascal. Das entspricht etwa dem Gewicht von 10 Tonnen pro Quadratmeter oder zwei ausgewachsenen Elefanten oder dem Druck in 10 Metern Wassertiefe. Dass man das nicht spürt, liegt daran, dass der Druck eines Gases in alle Richtungen gleich stark wirkt. Der Luftdruck wirkt sich auf unsere gesamte Körperoberfläche aus, und die Zellen halten von innen dagegen.

Welche Kraft und welches Gewicht Luft hat, merkt man, wenn sie in Bewe-

gung gerät. Der Luftdruck auf der Erde ist nicht überall gleich. Das liegt an der unterschiedlich starken Sonneneinstrahlung – die am Äquator bekanntlich deutlich höher ist als an den Polen. Dieser Unterschied führt zu einem Temperatur- und damit auch zu einem Druckunterschied. Denn Luft dehnt sich beim Erwärmen aus, wird dadurch leichter und steigt auf. Am Boden entsteht dadurch ein Gebiet mit niedrigem Druck, ein Tiefdruckgebiet. Im Gegensatz dazu zieht sich kalte Luft zusammen, wird schwerer und sinkt ab. So entsteht am Boden ein Gebiet mit hohem Druck, ein Hochdruckgebiet. Mit zunehmender Höhe verliert die Luft immer mehr an Dichte (und auch an Sauerstoff). Deswegen sagt man, dass auf den Bergen die Luft »dünner« werde.

Die Unterschiede zwischen Hoch- und Tiefdruckgebieten kann man sich wie die Höhenunterschiede eines Gebirges vorstellen. Ein Hochdruckgebiet ist ein Berg, ein Tiefdruckgebiet ein Tal. Die Natur versucht Unterschiede auszugleichen, und das gilt auch beim Druck. Dementsprechend fließt die Luft vom Berg zum Tal, also vom Hoch zum Tief. Das kann man sich wie Wasser vorstel-

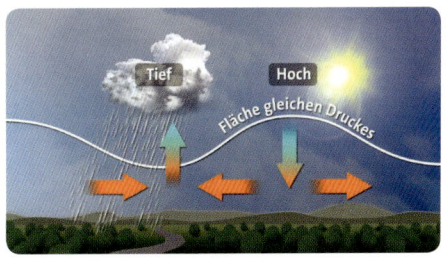

len, das vom Berg ins Tal fließt. Die Luft gerät so in Bewegung – das ist der Wind (siehe Seite 77 ff.).

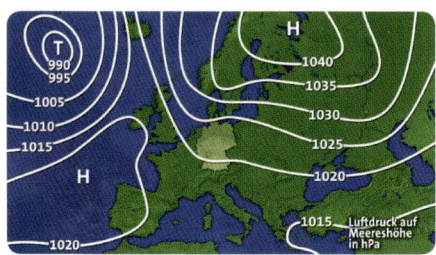

Linien gleichen Luftdrucks nennt man übrigens Isobaren (vom Altgriechischen »isos« für gleich und »baros« für Druck). Sieht man auf einer Wetterkarte also rund um ein Hoch- oder ein Tiefdruckgebiet Linien, begrenzen diese den Bereich gleichen Luftdrucks. Je größer der Druckunterschied auf kleinem Raum ist, desto stärker ist der Ausgleich. Im Vergleich mit dem Wasser fließt das Wasser einen steilen Berg schneller ins Tal hinab als einen flachen. Je näher die Isobaren zusammen liegen, also je größer der Luftdruckunterschied auf kleinem Raum ist, desto stärker ist der Wind. Sturm erkennt man auf einer Wetterkarte daran, dass die Isobaren ganz nah beieinander sind. Ein gewöhnliches Hochdruckgebiet hat einen Kerndruck von etwa 1.020 Hektopascal (hPa), ein

Tiefdruckgebiet etwa 980 hPa, und ein schwerer Hurrikan hat einen Kerndruck von rund 920 hPa. Den niedrigsten Kerndruck, der jemals gemessen wurde, erreichte Hurrikan Wilma mit 882 hPa.

Hochdruckgebiete drehen sich auf der Nordhalbkugel immer im Uhrzeigersinn, Tiefdruckgebiete gegen den Uhrzeigersinn (auf der Südhalbkugel ist es genau andersherum). Deswegen bringen Hochs, die in Mitteleuropa meist aus Westen kommen, bei ihrer Annäherung oft kühle und trockene Luft vom Nordkap nach Deutschland und Tiefs, die ebenfalls von Westen kommen, auf ihrer Vorderseite feuchtmilde Luft vom Mittelmeer. Auf der Rückseite ist es genau andersherum.

Seit 1953 bekommen atlantische Tropenstürme in den USA Namen. Es hatte sich herausgestellt, dass die Benutzung von kurzen, einfach Namen zu weniger Kommunikationsfehlern führte als die Längen- und Breitengrade, mit denen bis dahin Hurrikans beschrieben wurden. Zunächst erstellte das Nationale Hurrikan Center Namenslisten, später übernahm das ein internationales Komitee der World Meteorological Organization (WMO). Die Listen werden alle sechs Jahre wieder verwendet. Die Namen von schweren Stürmen, die einen besonders hohen Schaden angerichtet haben, werden allerdings gestrichen. Zunächst wurden zur Bezeichnung der Hurrikans nur Frauennamen benutzt. Seit 1979 werden Frauen- und Männernamen abwechselnd eingesetzt.

Dr. Karla Wege, Meteorologin beim Deutschen Wetterdienst und später Wettermoderatorin beim ZDF, regte im Jahr 1954 an der Freien Universität Berlin an, auch

Druckgebiete drehen sich, weil sich die Erde dreht. Sie dreht sich nach Osten, und zwar in rund 24 Stunden (genau genommen sind es 23 Stunden und 56 Minuten) exakt um 360 Grad, also einmal um ihre eigene Achse. Da die Erde am Äquator breiter ist als an den Polen, legt ein Ort am Äquator in derselben Zeit eine größere Wegstrecke zurück als ein Ort in der Arktis. Die Erde dreht sich dort also quasi schneller. Ein Gegenstand auf dem Äquator bewegt sich etwa 300 km/h schneller als ein Gegenstand auf 40 Grad nördlicher Breite. Verlässt nun ein »Paket Luft« den Bereich, in dem es länger ruhte, nimmt es seine Geschwindigkeit mit. Zieht es nach Norden, ist es schneller als die Erde darunter und wird dadurch nach Osten abgelenkt. Zieht es nach Süden, ist es langsamer und wird nach Westen abgelenkt.

Diese Kraft, die die Luftmassen ablenkt, heißt Corioliskraft. 1775 wurde sie das

in Deutschland Druckgebiete zu benennen. Zunächst vergab das Meteorologische Institut die Namen noch selbst. Tiefdruckgebiete trugen dabei immer weibliche Namen, Hochdruckgebiete immer männliche Namen. Mit jedem neuen Jahr wird zur Benennung vorn im Alphabet begonnen. Das erste Hoch oder das erste Tiefs eines jeden Jahres beginnt also immer mit einem A, das nächste beginnt mit einem B und so weiter. Nach einer öffentlichen Diskussion über die Benennung der Tiefdruckgebiete entschied sich die Freie Universität Berlin 1998, das Geschlecht der Namen von Druckgebieten jährlich zu wechseln. Seither tragen in geraden Jahren Hochdruckgebiete männliche, und Tiefdruckgebiete weibliche Namen – in ungeraden Jahren ist es andersherum. 2002 starteten die meteorologischen Studenten der FU Berlin die »Aktion Wetterpate«. Nun kann man Pate für ein Hoch oder ein Tief werden. Mit dem Geld wird die studentische Wetterbeobachtung weitergeführt. Die Freie Universität Berlin verfügt über eine der längsten Messreihen weltweit.

erste Mal von Pierre-Simon Laplace (1749–1827) korrekt hergeleitet. Allerdings erwähnte sie erst 1835 Gaspard Gustave de Coriolis (1792–1843) ausdrücklich in einer Publikation und wurde so zum Namensgeber.

Der Wirbel in einer Badewanne ist völlig unabhängig von der Corioliskraft. Dazu ist die Kraft zu schwach und der Wirbel in einer Badewanne zu klein und kurzlebig. In einer Badewanne wirken vor allem die Reibungskräfte, die zum Badewannenrand hin zunehmen. Neben der Form der Badewanne ist es für die Richtung des Wirbels entscheidend, wie man sich im Wasser bewegt.

D as »Azorenhoch« ist vermutlich eines der berühmtesten Druckgebiete in Deutschland. Es bestimmt häufig das Wetter in Mitteleuropa und kommt deswegen oft im Wetter der Tagesschau vor. Seinen Namen hat das »Azorenhoch« von der gleichnamigen kleinen Inselgruppe im Atlantik, die zu Portugal gehört. Die Azoren, die knapp 1.400 km vom europäischen Festland entfernt liegen, umfassen neun größere und mehrere kleinere Inseln. Auch wenn sie den größten Teil des Jahres unter einem Hochdruckgebiet liegen, herrscht auf den Azoren nicht immer Sonnenschein. Das Klima dort ist ozeanisch-subtropisch ausgeglichen. Es gibt milde Winter, nicht ganz so heiße Sommer und aufgrund der hohen Luftfeuchtigkeit, die durch die Insellage bedingt ist, immer wieder Wolken. Diese bringen zwar nicht immer Regen, in der Summe fällt auf den Azoren aber deutlich mehr Regen als in den meisten deutschen Städten. Mit durchschnittlich 970 Litern Regen pro Jahr fällt dort fast doppelt so viel wie in Berlin (494 Liter pro Jahr).

Es ist ein böses Gerücht, dass es in Hamburg viel regnet. Durchschnittlich fällt in Hamburg an 133 Tagen im Jahr Regen oder Schnee. Das ist zwar mehr als beispielsweise in München, wo es durchschnittlich »nur« an 126 Tagen regnet, dafür ist die Regenmenge in München aber deutlich höher. Während in München insgesamt 811 Liter Regen pro Jahr auf den Quadratmeter fallen, kommen in Hamburg nur 770 Liter zusammen. Die statistisch regenreichsten Orte Deutschlands liegen übrigens am Alpenrand und in den Hochlagen der Mittelgebirge mit durchschnittlich über 1.000 Litern pro Jahr. Die regenärmsten Orte liegen im Regenschatten des Harzes (zwischen Magdeburg, Leipzig und Erfurt) mit nur 500 Litern pro Jahr. Durchschnittlich fallen in Deutschland 746 Liter an 121 Tagen.

Der Gegenspieler zum »Azorenhoch« ist das »Islandtief« – das mindestens ebenso häufig in der Tagesschau genannt wird. Seinen Namen hat es von der Insel Island im Nordatlantik. Dort entstehen die meisten Tiefs, die vor allem das Wetter im Norden und Westen Deutschlands prägen. Im Gegensatz zu den Hochs, die oft über Tage an einer Stelle verharren, bewegen sich Tiefs recht schnell mit der Höhenströmung und ziehen an Deutschland vorbei nach Osten – was auch für die Islandtiefs gilt. Grund für die Bildung der Islandtiefs ist das Aufeinandertreffen von polarer Kaltluft aus

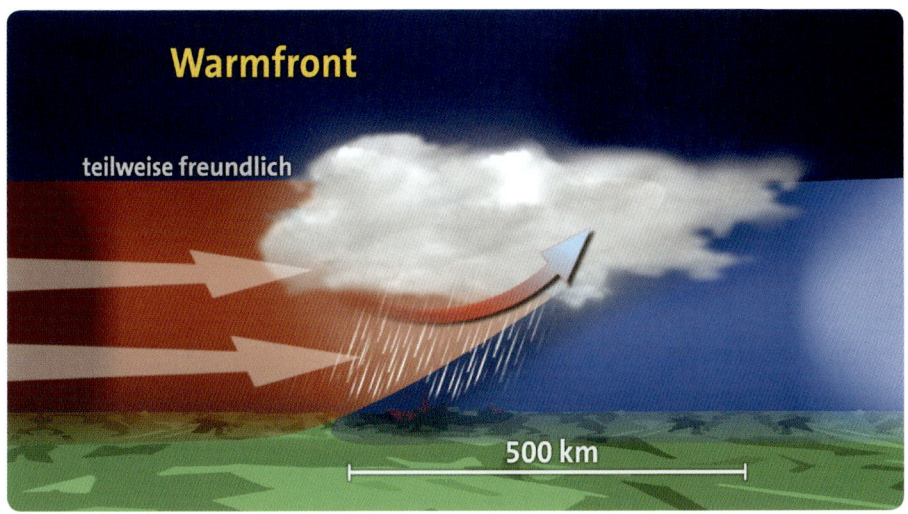

Warmfront

teilweise freundlich

500 km

Neufundland oder Grönland und warmen Strömungen durch den Golfstrom. Die Warmluft des Golfstroms gleitet auf die polare Kaltluft auf, verwirbelt sich und bildet so ein Tief.

Die Grenze, an der sich die Warmluft auf die Kaltluft schiebt, nennt man Warmfront. Warmfronten bilden sich natürlich nicht nur auf dem Atlantik, sondern durchaus auch über Deutschland. Das Wetter ist vor dem Aufzug einer Warmfront häufig teilweise freundlich – also viel Sonne mit wenigen Wolken. Mit der Warmfront gibt es dann länger anhaltenden Regen. Denn wenn sich die Warmluft auf die Kaltluft schiebt, kühlt sie dabei ab und vermischt sich im Grenzbereich mit der kalten Luft. Beides sorgt dafür, dass sich länger anhaltender Regen bildet.

Anders sieht es bei einer Kaltfront aus: Bringt ein Tief kühlere Luft und trifft diese auf wärmere Luft, spricht man von einer Kaltfront. Dabei schiebt sich die kalte Luft, die wegen ihrer höheren Dichte schneller ist, unter die warme Luft und hebt diese an. In diesem Fall bilden sich mitunter sehr kräftige Schauer und Gewitter, die oft unwetterartig sein können. Der Temperatursturz infolge einer Kaltfront kann durchaus schon mal 10 bis 15 °C betragen.

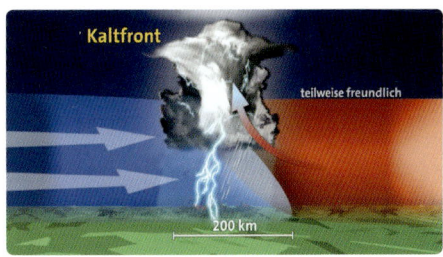

Kaltfront

teilweise freundlich

200 km

LOSTAGE – BESTIMMTE TAGE – BESTIMMTES WETTER?

Zwar weiß man heute, dass die Bewegung der Atmosphäre, und damit verbunden das Wetter, keinem festen Plan folgt, dennoch werden – nach den Erfahrungen aus den vergangenen Jahrhunderten – bestimmten Tagen die Eigenschaft zugeschrieben, Auskunft über das zukünftige Wetter geben zu

können. Ein klassisches Beispiel dafür ist der Siebenschläfer am 27. Juni. Sollte es an diesem Tag regnen, dann – so sagen es die zahlreichen Regeln – regnet es die nächsten sieben Wochen.

Es ist es zwar richtig, dass bestimmte Wetterlagen für bestimmte Jahreszeiten typisch sind, aber an einem bestimmten Tag lässt sich das nicht festmachen. Prinzipiell nicht, und schon gar nicht an den Tagen, denen es zugeschrieben wurde. Denn durch die Kalenderreform 1582, also die Umstellung vom julianischen auf den gregorianischen Kalender, müssten die Lostage heute alle zehn Tage später liegen.

Viele Jahrhunderte lang galt in Europa der julianische Kalender. Er wurde in Ägypten entwickelt, von Julius Cäsar im Jahr 45 v. Chr. im Römischen Reich eingeführt und später zu seinen Ehren nach ihm benannt. Ein Jahr war 365,25 Tage lang und damit etwa elf Minuten länger als ein Sonnenjahr.

Nach drei Jahren mit 365 Tagen, folgte – so wie heute – ein »Schaltjahr« mit 366 Tagen. Der zusätzliche Tag war schon damals der 29. Februar.

Im 16. Jahrhundert hinkte der Kalender – durch die jährlichen elf Minuten mehr – dem Lauf der Sonne um zehn Tage hinterher. Papst Gregor XIII. verordnete deswegen 1582 mit der päpstlichen Bulle »Inter gravissimas«, zehn Tage im Kalender zu streichen. 1582 folgte deshalb auf den 4. der 15. Oktober. Um zukünftig eine Verschiebung zu vermeiden, entschied der Papst, dass es nur bei jedem 4. Jahrhundertwechsel einen zusätzlichen Tag geben sollte. So waren die Jahre 1700, 1800 und 1900 keine Schaltjahre – 2000 aber schon.

Der »gregorianische Kalender« gilt in Deutschland bis heute und ist weltweit einer der meistgebrauchten Kalender.

SIEBENSCHLÄFER

Bestimmte Wetterlagen kommen zu bestimmten Zeiten immer wieder. Schlechtwetterlagen sind zum Beispiel – wie im Falle des Siebenschläfers – Ende Juni oft sehr stabil. Das hat mit dem Jetstream zu tun, einem Starkwindband im Bereich zwischen oberer Troposphäre und Stratosphäre.

Verläuft der Jetstream relativ weit südlich, gibt es einen relativ hohen Luftdruckunterschied zwischen dem Islandtief im Norden und dem Azorenhoch im Süden. Das führt dazu, dass über einen längeren Zeitraum feuchte und kühle Luftmassen vom Nordatlantik nach Mitteleuropa kommen, was wiederum relativ kühles und unbeständiges Wetter zur Folge hat.

TAGESSCHAU-THEMA DES TAGES – JETSTREAM

Innerhalb des Jetstreams werden normalerweise Windgeschwindigkeiten zwischen 200 und 500 km/h erreicht, allerdings sind auch Rekordwerte von bis zu 650 km/h bekannt. Dabei ist der Bereich des stärksten Windes relativ eng begrenzt. Der Jet ist ein paar Hundert Kilometer breit und in der Vertikalen ein bis zwei Kilometer mächtig. Seine Lage schwankt grob zwischen dem 40. und dem 65. Breitenkreis. Er verläuft nicht ganz so durchgehend wie in der idealisierten Abbildung, sondern tritt in sehr variablen Bändern von mehreren Tausend Kilometern Länge auf. Es gibt auch andere Starkwindbänder wie den Subtropenjet. Deren Entstehungsursache unterscheidet sich allerdings von der des polaren Jetstreams.

Die polaren Breiten empfangen im Jahresverlauf aufgrund des niedrigeren Sonnenstandes weniger Energie als die Tropen. Dadurch bauen sich deutliche Temperaturunterschiede auf. Kalte Luft ist schwerer und damit dichter gepackt als warme Luft. In ihr nimmt der Druck mit der Höhe schneller ab als in einer Warmluftmasse. Aufgrund dieser Tatsache entsteht in 10 Kilometern Höhe ein deutlicher Druckunterschied zwischen einem Hoch über den Subtropen und einem Tief über der Polarregion. Winde versuchen, diesen auszugleichen. Könnten sie direkt von den Subtropen nach Norden Richtung Pol wehen, würde das auch rasch gelingen. Durch die ablenkende Kraft der Erdrotation, der Corioliskraft, werden die Winde auf der Nordhalbkugel nach rechts abgelenkt. Es entsteht das Band starker Westwinde, der Jetstream.

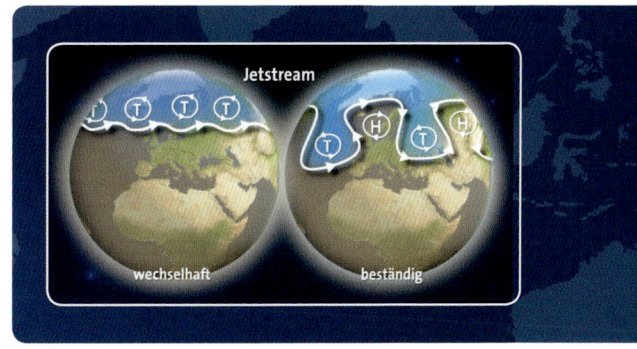

Würde der Jet völlig gleichmäßig von West nach Ost verlaufen, hätte er wenige Auswirkungen auf das Wetter in Bodennähe. Durch die unterschiedliche Verteilung von Land und Ozeanen entstehen Unregelmäßigkeiten, der Jet schlägt quasi Wellen. Die hohen Gebirge wie die Rocky Mountains oder der Himalaya verstärken diese Wellenbildung noch. Die Wellen des Jets spielen eine wichtige Rolle bei der Entstehung und Steuerung unserer Tiefdruckgebiete. Wenn er kleine Wellen schlägt, verlagern sich diese samt den Tiefdruckgebieten rasch von West nach Ost. Das Wetter ist wechselhaft. Tage mit Tiefdruckwetter und Frontdurchgängen wechseln sich häufig mit kürzeren Hochdruckphasen ab. Längere Wellen sind langsamer, oftmals sogar stationär. Dann ändert sich das Wetter über längere Zeiträume kaum, das Muster ist beständig. Sofern sich Deutschland im Wellenberg befindet, also in einem Hochdruckgebiet, herrscht hier eine längere Periode mit sonnigem Wetter. Genauso kann es aber passieren, dass ein Wellental mit einem Tiefdruckgebiet über Deutschland liegt. Das hat einen längeren unbeständigen, wolkenreichen und feuchten Witterungsabschnitt zur Folge, unter Umständen auch Hochwasser.

Für die Natur und für die Landwirtschaft sind die wechselhaften Wetterlagen besser als solche, die sich über Wochen kaum ändern. Doch gerade die festgefahrenen Wetterlagen scheinen sich zu häufen. Durch den Klimawandel erwärmt sich die Polarregion schneller als die Subtropen. Das Eis, welches bisher einen Großteil der Sonnenenergie reflektiert hat, schmilzt, wodurch sich die Erwärmung in hohen Breiten beschleunigt. Der Temperaturunterschied verringert sich, und der Jet wird schwächer. Dadurch werden träge Wetterlagen mit stark mäandrierendem Jet wahrscheinlich begünstigt.

Dr. Ingo Bertram

»Das Wetter am Siebenschläfertag noch sieben Wochen bleiben mag.«

»Ist der Siebenschläfer nass, regnet's ohne Unterlass.«

Das sind zwei der bekanntesten Wetterregeln zum Siebenschläfertag. Die Siebenschläferregeln treffen statistisch zwar nur in 55 bis 60 % aller Jahre zu (im Alpenvorland ist es mit etwas über 60 % ein wenig mehr), sind aber von allen Bauernregeln immer noch die mit der höchsten Trefferquote. Allerdings auch nur dann, wenn man nicht genau auf den 27. Juni schaut, sondern auf den Zeitraum Ende Juni bis Anfang Juli.

Der Siebenschläfertag hat seinen Namen übrigens nicht vom Tier Siebenschläfer, sondern von sieben schlafenden Brüdern. Die flohen der Legende nach während der Christenverfolgung durch die Römer im Jahre 251 n. Chr. von Ephesos in die Höhlen des Berges Ochlon. Dort sollen sie eingemauert worden sein und 195 Jahre lang geschlafen haben. Erst 446 n. Chr. sollen sie – so die Legende – wieder zum Leben erwacht sein, um Zeugnis für die Auferstehung der Toten zu geben.

SCHAFSKÄLTE

Ein ähnliches Phänomen wie der Siebenschläfer ist die Schafskälte, ein Kälte-

einbruch mitten im Sommer – genauer gesagt in der ersten Hälfte des Junis. Seinen Namen hat die Wetterlage von den Schafen, die zu diesem Zeitpunkt bereits geschoren sind und dann frieren. Die Schafskälte resultiert aus der unterschiedlich schnellen Erwärmung von Land (europäischer Kontinent) und Wasser (Atlantik). Land erwärmt sich schneller als Wasser, kühlt aber auch schneller ab. Im Sommer ist das europäische Festland bereits deutlich wärmer als das es umgebende Meer. In der Folge steigt warme Luft über Mitteleuropa auf, kalte Luft vom Meer fließt nach. Klassischerweise bildet sich dann ein Hoch über Großbritannien und ein Tief über Skandinavien. Da sich Hochs auf der Nordhalbkugel immer im Uhrzeigersinn drehen und Tiefs dagegen, schaufeln beide gemeinsam Kaltluft aus dem Nordmeer nach Mitteleuropa. Wissenschaftliche Untersuchungen zeigen, dass das in den Jahren zwischen 1881 und 1947 mit einer statistischen Wahrscheinlichkeit von 89 % der Fall war, also in 9 von 10 Jahren. Auch seither gab es – einmal abgesehen vom außergewöhnlich warmen Jahr 2003 – im Juni meist einen markanten Temperaturrückgang.

MARIÄ LICHTMESS – DER MURMELTIERTAG

Der Hollywood Film »Und täglich grüßt das Murmeltier« machte den Lostag Mariä Lichtmess weltberühmt. »Ist's zu Lichtmess mild und rein, wird's ein langer Winter sein«, besagt eine der bekanntesten Bauernregeln über das Wetter am 2. Februar und seine Folgen. Im kleinen Ort Phunxsuatawney in Pennsylvania wird seit 1887 jedes Jahres Mariä Lichtmess gefeiert. Deutsche Auswanderer brachten den Brauch in die USA. an diesem Tag einen Dachs zu wecken und zu schauen, ob dieser seinen Schatten sieht. Ist das Wetter sonnig und der Dachs sieht seinen Schatten ist das ein Zeichen, dass der Winter noch sechs weitere Wochen bleibt. Sieht der Dachs dagegen seinen Schatten nicht, weil Wolken am Himmel sind, ist das das Zeichen für einen schnellen Frühling. Da es in Phunxsutawney keine Dachse gab, nahm man ein Murmeltier. Weswegen der Tag in Amerika »Groundhog Day« (Murmeltiertag) heißt. Der Legende nach ist das Murmeltier, das in jedem Jahr geweckt wird, seit 200 Jahren dasselbe. Im Hollywood Film »und täglich grüßt das Murmeltier« hängt Hauptdarsteller Bill Murray in einer Zeitschleife fest und erlebt immer wieder denselben Tag – und zwar ausgerechnet den Murmeltiertag.

TIERE KÖNNEN WETTER VORHERSAGEN

Viele Jahrhunderte glaubte man den »Wettervorhersagen« der Tiere mehr, als denen der »Gelehrten«. Tieffliegende Schwalben waren (und sind noch immer) ein Indiz für bevorstehendes »schlechtes Wetter«. Das hat seinen Grund. Herrscht Hochdruck, werden Insekten, wie Mücken von den aufsteigenden Luftmassen erfasst und nach oben getragen. Nähert sich ein Tief, sinkt der Luftdruck und die Mücken fliegen tiefer. Wo genau Mücken gerade fliegen, würde man vermutlich nicht so einfach mitbekommen. Aber Mücken sind die Nahrungsgrundlage von Schwalben. Fliegen die Mücken tief, fliegen auch die Schwalben – und die sieht man. Das gleiche Prinzip gilt übrigens auch für Frösche. Fliegen die Mücken hoch, klettern vor allem europäische Laub-

frösche an den Zweigen der Pflanzen nach oben. Daher schrieb man Ihnen die Eigenschaft zu Wettervorhersagen zu können. Im deutschsprachigen Raum ist daraus der Mythos des »Wetterfroschs« entstanden.

EISHEILIGE

Nach dem gleichen physikalischen Prinzip wie die Schafskälte »funktionieren« auch die Eisheiligen. Mamertus, Pankratius, Servatius, Bonifatius und die kalte Sophie (11.–15. Mai) sind für einen Kälteeinbruch im Frühling verantwortlich. Auch sie entstehen durch die schnelle Erwärmung der Landmasse, in der warme Luft aufsteigt und kalte Atlantikluft nach sich zieht. Dieser Kälteeinbruch dauert nur wenige Tage, kurbelt aber immer wieder den Umsatz der Gärtnereien an, weil Hobbygärtner Beete zu früh bepflanzen.

HUNDSTAGE

Der Name »Hundstage« für eine besonders warme Periode im Sommer, kommt nicht von leidenden Hunden, sondern von Sirius dem größten Stern im Sternbild des Hundes, auch Hundsstern genannt. Zwischen Ende Juli und Anfang August kann man den Hundsstern besonders gut sehen. Da es genau um diese Zeit immer besonders warm ist, sah man in der Antike einen Zusammenhang mit dem Sternbild, und nannte diese Zeit des Jahres »Hundstage«. Mittlerweile haben sich die Sterne verlagert, astronomisch liegen die Hundstage nun rund 30 Tage später und ihr Erscheinen am Sternenhimmel kündigt eher den Herbst an. Traditionell werden die heißesten Tage des Sommers aber immer noch Hundstage genannt. Meteorologisch gesehen entsteht das warme Wetter durch beständige Hochdrucklagen.

ALTWEIBERSOMMER

Ungewöhnlich warme und sonnige Tage im Herbst nennt man Altweibersommer. Gemeint ist damit aber kein Sommerwetter für ältere Damen. Mit »weiben« wurde im Althochdeutschen das Knüpfen von Spinnweben bezeichnet. Vor allem im Herbst, wenn es draußen noch warm ist und die Sonne scheint, sieht man viele Spinnweben umherwehen. Die warme Luft für den Altweibersommer in Deutschland wird durch ein Festlandhoch über Russland nach Mitteleuropa gelenkt. Untersuchungen zeigen, dass der Altweibersommer mit einer statistischen Wahrscheinlichkeit von etwa 85 % eintritt. Warum das so ist, ist bis heute noch nicht genau geklärt. Vermutet wird, dass langperiodische Schwingungen in höheren Schichten der Atmosphäre für die Wärmeperiode im Herbst verantwortlich sind.

Das Wetterphänomen kennt man auch in Nordamerika. Dort nennt man die milden Herbsttage – ausgehend von der Rotfärbung der Blätter – »Indian Summer«.

Die Blätter der Bäume verfärben sich im Herbst, weil der Baum den Blättern das grüne Chlorophyll entzieht. Wenn die Temperaturen sinken und die Tage kürzer werden, der Baum dadurch weniger Licht bekommt, ist das für den Baum das Zeichen, seine Photosynthese zurückzufahren. Bei der Photosynthese verwandelt der Baum das Kohlendioxid der Luft und Wasser in Traubenzucker und Sauerstoff. Das macht er mithilfe des Chlorophylls, dem grünen Farbstoff

der Blätter. Wird es nun kälter und dunkler, entzieht der Baum den Blättern das Chlorophyll und lagert es im Stamm ein. Was im Blatt übrig bleibt, sind Karotine (orange), Anthozyane (rot) oder Xanthophylle (gelb), die im Sommer völlig vom grün des Chlorophylls überlagert werden.

Forschungen haben gezeigt, dass Rosskastanien, die unter Straßenlaternen stehen, länger grüne Blätter haben als Rosskastanien an anderen Orten, da unter Straßenlaternen durch die längere Helligkeit das Einlagern des Chlorophylls im Stamm erst deutlich später einsetzt.

BAUERNREGELN

Für Landwirte war das Wetter schon immer sehr wichtig, und sie haben es besonders genau beobachtet. Aufgrund ihrer Beobachtungen haben sie gewisse Regelmäßigkeiten in Wetterabläufen entdeckt und diese in Regeln gefasst. Diese vermeintlichen Kausalzusammenhänge beziehen sich als Konsequenz verschiedener Wettersituationen entweder auf Wetterabläufe oder auf die Entwicklung von Obst und Getreide. Die ersten solcher »Bauernregeln« entstanden bereits in vorchristlicher Zeit, ihre Hochzeit erlebten sie im Mittelalter, in dem sie erweitert und erstmals mit Heiligennamen verbunden wurden. An manchen solcher Bauernregeln ist durchaus etwas dran.

Die Bauernregel »Mai kühl und nass, füllt des Bauern Scheun' und Fass« weist zum Beispiel darauf hin, dass es gerade im Frühjahr ausreichend Regen braucht, um das Wachstum der Pflanzen voranzutreiben – was ja durchaus richtig ist. Die Regel gibt es in über 50 verschiedenen Variationen. Sie wurde zunächst nur mündlich an die nächste Generation weitergegeben. Und da sich Reime besonders gut merken lie-

ßen, erfolgte dies in Reimform. Im Jahr 1505 tauchte die Regel zum ersten Mal nachweislich in schriftlicher Form auf. Zu bedenken ist bei den Bauernregeln, dass viele von ihnen im Mittelalter entstanden und sich das Klima seither geändert hat. Einige der Regeln treffen schon allein deshalb heute nicht mehr zu. Andere Regeln beziehen sich auf regionale Besonderheiten und lassen sich insofern nicht in andere Regionen übertragen.

HUNDERTJÄHRIGER KALENDER

Der »Hundertjährige Kalender« heißt genau genommen: »Calendarium oeconomicum practicum perpetuum« also »Beständiger Hauskalender«. Er dokumentiert die Wetterbeobachtungen des Abtes Mauritius Knauer in seinem Kloster in Langheim in der Nähe von Bamberg über sieben Jahre (1652–1658) hinweg. Zu einer Zeit, in der man noch nicht viel über die Vorgänge in der Atmosphäre wusste und es noch keine genauen Wettervor-

hersagen gab, versuchte er im Wetter bestimmte Regeln zu erkennen. Dies war eine Art erste Wettervorhersage, die die klösterliche Landwirtschaft verbessern sollte. Mauritius Knauer ging davon aus, dass bestimmte Wettersituationen jedes Jahr wiederkehren. Erstmals der Öffentlichkeit zugänglich gemacht wurde der Kalender im Jahr 1700 und erfreut sich noch heute großer Beliebtheit. Meteorologisch sind die Vorhersagen des »Hundertjährigen Kalenders« allerdings nicht haltbar.

DIE JAHRESZEITEN

Es gibt vier Jahreszeiten – da sind sich alle einig: Frühling, Sommer, Herbst und Winter. Wann genau die Jahreszeiten beginnen, kann man allerdings auf unterschiedliche Weisen sehen. Astronomisch beginnt beispielsweise der Frühling immer am 20. oder 21. März. Dann nämlich steht die Sonne senkrecht über dem Äquator, und das bedeutet,

dass an diesem Tag überall auf der Welt Tag und Nacht gleich lang sind, nämlich 12 Stunden. Frühlings- und Herbstanfang, die beiden Tage, an denen Tag und Nacht exakt 12 Stunden lang sind, heißen Äquinoktium (vom lateinischen »aequus«, für gleich und »nox« für Nacht) oder »Tagundnachtgleiche«.

Für Meteorologen beginnt der Frühling immer am 1. März. Weil sich damit einfacher rechnen lässt, als wenn es mal der 20. und mal der 21. März ist. Für die Pflanzen startet der Frühling oft schon Mitte Februar, in manchen Jahren sogar schon Ende Januar. Denn für Pflanzen gibt es den phänologischen Kalender mit den phänologischen Jahreszeiten.

Die Phänologie ist – laut Duden – »die Lehre vom Einfluss der Witterung und des Klimas auf die jahreszeitliche Entwicklung der Pflanzen und Tiere«. Phänologisch gesehen besteht jede Jahreszeit aus drei Teilen. Beim Frühling zum Beispiel gibt es den Vorfrühling, der mit der Blüte der Hasel beginnt. Die ist eigentlich im Februar, war aber in manchen Jahren auch schon im Januar – was gerade für Pollenallergiker ein großes Problem ist. Der Erstfrühling startet mit der Blüte der Forsythie, die eigentlich im März, aber vielerorts mittlerweile schon im Februar beginnt. Und der Vollfrühling fängt mit der Apfelblüte an. Die ist eigentlich immer erst Ende April, hat sich aber seit 1951 um 15 Tage nach vorn verschoben.

ÄPFEL

In Deutschland sind Apfelbäume weit verbreitet. Auf rund 70 % der deutschen Baumobstanbaufläche werden Äpfel angebaut. Das ist aber nicht überall in Europa der Fall und liegt daran, dass Apfelbäume eine ganz bestimmte Temperaturspanne für ihr Wachstum brauchen. Im Norden ist es ihnen zu kalt, im Süden ist es ihnen zu warm – um es mal ganz einfach zu sagen. Ab minus 25 °C sterben Pflanzenteile ab, und solche Temperaturen kann es im Norden Skandinaviens ja durchaus schon mal geben. Außerdem sind Spätfröste im Juni ein Problem, da diese die Blüte zerstören: keine Blüte – kein Apfel. Auf der anderen Seite braucht ein Apfel auch eine gewisse Anzahl von Frosttagen zur richtigen Zeit, um Blütentriebe auszubilden. Im Süden Spaniens fehlen diese beispielsweise. Dort ist es außerdem so sonnig, dass Äpfel einen Sonnenbrand bekommen können – was ihnen wiederum auch nicht gut tut.

SCHNEEGLÖCKCHEN

Schneeglöckchen sind ganz besondere Pflanzen. Für sie ist Schnee kein Problem, sondern überlebensnotwendig. Schneeglöckchen haben eine Art kleine Heizung eingebaut, die dafür sorgt, dass ihre Zwiebel Temperaturen von bis zu 10 °C erreicht. Damit schmelzen Schneeglöckchen den Schnee über und um sich herum weg und sorgen – in einer Zeit, in der Wasser in der Natur oft knapp ist – so zusätzlich für die eigene Bewässerung. Schneeglöckchen müssen zudem schnell sein. Sie brauchen im Wald die ersten Sonnenstrahlen, ehe ihnen die Blätter der Bäume das Licht wieder nehmen. Deswegen beginnen sie ihr Wachstum bereits im Winter, wenn die Bäume um sie herum noch keine oder nur wenige Blätter tragen.

BÄRTIERCHEN

Bärtierchen sind außerordentliche Überlebenskünstler. Sie können lange Trockenperioden problemlos überleben. Sollte nicht genügend Wasser verfügbar sein, lassen sich die Bärtierchen, die gerade einmal 1,5 Millimeter groß sind, austrocknen und weisen dann nur noch etwa 1 Prozent des im aktiven Zustand vorhandenen Wassers in ihrem Körper auf.
Darüber hinaus überstehen sie nicht nur Kälte bis – 200 °C, sondern auch Hitze bis zu + 65 °C völlig schadlos. Bei diesen extremen Temperaturen kommen alle Stoffwechselvorgänge zum Stillstand bzw. sind nicht mehr messbar.

DIE MARONEN-LINIE

Die Römer brachten auf ihrem Weg nach Norden auch allerhand Pflanzen nach Deutschland. Sie bauten beispielsweise den ersten Wein an und pflanzten Walnussbäume. In ihrem Gepäck schafften es auch Esskastanien (Maronen) aus dem sonnigen Süden über die Alpen. Maronenwälder finden sich deswegen auch heute noch vor allem dort, wo einst römische Garnisonen waren, zum Beispiel im hessischen Taunus rund um das Kastell Saalburg, in der Nähe von Bad Homburg. Die Maronen schafften es also so weit nach Norden wie die Römer.

JAHRESZEITENFORTSCHRITT

Im Süden Europas ist es immer schon ein bisschen früher Frühling als in Deutschland. Meist ist der Frühling jenseits der Alpen zwei Wochen früher dran und arbeitet sich dann langsam weiter nach Norden vor. Jahreszeiten schreiten aber nicht nur von Süden nach Norden fort, sondern auch von unten nach oben. Dabei entsprechen 100 km ungefähr 100 Höhenmeter. Der Frühling beispielsweise braucht genauso lang, um vom Meeresspiegel bis auf der Spitze eines 900 m hohen Berges anzukommen, wie im Flachland 900 km weiter von Süden nach Norden voranzukommen.

SO SCHWER WIE EIN ELEFANT –
WOLKEN

Wolken sind kleine Wunder. Manchmal tauchen sie einzeln in kürzester Zeit einfach aus dem Nichts auf und verschwinden auch genauso schnell wieder. Manchmal versperren unzählige von ihnen tagelang den Blick zur Sonne. Aber sie fallen – was gut ist – nie vom Himmel. Schließlich wiegt so eine Wolke mindestens so viel wie ein Elefant – manchmal auch so viel wie eine ganze Herde.

Um zu wissen, wie Wolken entstehen, läuft man am besten mal durch eine – und das hat vermutlich jeder schon ein-mal getan. Wolken schweben nämlich nicht nur am Himmel, sondern liegen manchmal auch am Boden: Das nennt man dann Nebel. Das Wort »Nebel« kommt vom lateinischen »nebula« und heißt nichts anderes als »Wolke«.

Alle Wolken haben lateinische Namen. Das verdanken sie Luke Howard, einem Londoner Apotheker, der 1802 als Erster Wolken klassifizierte und ihnen einen Namen gab. Seine Klassifikation der Wolken, zum ersten Mal erschienen in seinem Werk »On the Modification of Clouds«, gilt in den wesentlichen Grund-zügen noch heute.

Johann Wolfgang von Goethe, der selbst wissenschaftliche Forschungen betrieb, lernte die Arbeiten von Luke Howard 1815 kennen. Er war zu dieser Zeit Leiter der Anstalten für Kunst und Wissenschaft im Herzogtum Sachsen-Weimar und verfolgte die Idee, eine meteorologische Station auf dem Ettersberg zu gründen. Den ersten Ideen folgte wenige Jahre später die Einrichtung eines meteorologischen Messnetzes von neun Messstationen, das zwischen 1821 und 1831 in Betrieb war, die Wolken beobachtete und sie nach Luke Howard klassifizierte.

Goethe war über die Studien Howards so begeistert, dass er ihm 1821 mit »Howards Ehrengedächtnis« ein Gedicht widmete und 1822 mit ihm in Briefkontakt trat.

HOWARDS EHRENGEDÄCHTNIS

Wenn Gottheit Camarupa, hoch und hehr,
Durch Lüfte schwankend wandelt leicht und schwer,
Des Schleiers Falten sammelt, sie zerstreut,
Am Wechsel der Gestalten sich erfreut,
Jetzt starr sich hält, dann schwindet wie ein Traum:
Da staunen wir und traun dem Auge kaum;

Nun regt sich kühn des eignen Bildens Kraft,
Die Unbestimmtes zu Bestimmtem schafft:
Da droht ein Leu, dort wogt ein Elefant,
Kameles Hals, zum Drachen umgewandt;
Ein Heer zieht an, doch triumphiert es nicht,
Da es die Macht am steilen Felsen bricht;
Der treuste Wolkenbote selbst zerstiebt,
Eh er die Fern erreicht, wohin man liebt.

Er aber, Howard, gibt mit reinem Sinn
Uns neuer Lehre herrlichsten Gewinn.
Was sich nicht halten, nicht erreichen läßt,
Er faßt es an, er hält zuerst es fest;
Bestimmt das Unbestimmte, schränkt es ein,
Benennt es treffend! Sei die Ehre dein!
Wie Streife steigt, sich ballt, zerflattert, fällt,
Erinnre dankbar deiner sich die Welt.

Bis zum 19. Jahrhundert wusste man noch nicht viel von den physikalischen Vorgängen in der Atmosphäre. Man glaubte, dass der Himmel eine feste Schale um die Erde sei, die sich um unseren Planeten drehe. Wolken wären daran befestigt und kämen in regelmäßigen Abständen wieder.

Luke Howard unterschied zu Beginn des 19. Jahrhunderts die Wolken nach der Höhe, in der sie auftraten, und gliederte sie in drei Wolkenkategorien: Stratuswolken im untersten Stockwerk bis etwa 2.000 m, Cumuluswolken im mittleren Stockwerk bis etwa 7.000 m und Cirruswolken im obersten Stockwerk über 7.000 m. Dazu kamen dann noch viele Mischformen.

Stratus kommt vom lateinischen Wort »stratum« und bedeutet Decke, meint aber auch Schicht. Für Luke Howard war diese Form der Wolken eine »weit ausgebreitete horizontale Schicht«, die »von unten her entsteht«. Also die Wolken, die dem Boden am nächsten sind.

Schichtwolken entstehen vor allem, wenn sich kalte und warme Luft aneinander vorbei oder aufeinander schiebt. Warme Luft gleitet dabei auf kalte Luft, und im Grenzbereich vermischen sich beide Luftmassen großflächig. Die warme Luft kühlt dadurch ab, kann nicht mehr so viel Wasser speichern, und es bilden sich große, flache Schichtwolken. Auch Nebel oder Hochnebel ist im Grun-

de eine Schichtwolke. Beides entsteht, wenn Luft sich abkühlt (siehe Seite 49).

»Cumulus« ist das lateinische Wort für Haufen. Mit diesem Wort beschrieb Howard die Wolken, die aussahen wie kleine Haufen und die erst in einer bestimmten Höhe entstehen, sich also von einer bestimmten Basis aus entwickeln.

»Cirrus« ist das lateinische Wort für Haarlocke. Und wie kleine Haarlocken sehen die Wolken auch tatsächlich aus. Oder wie Federn, die sich in alle Richtungen ausbreiten. Sie schweben auf

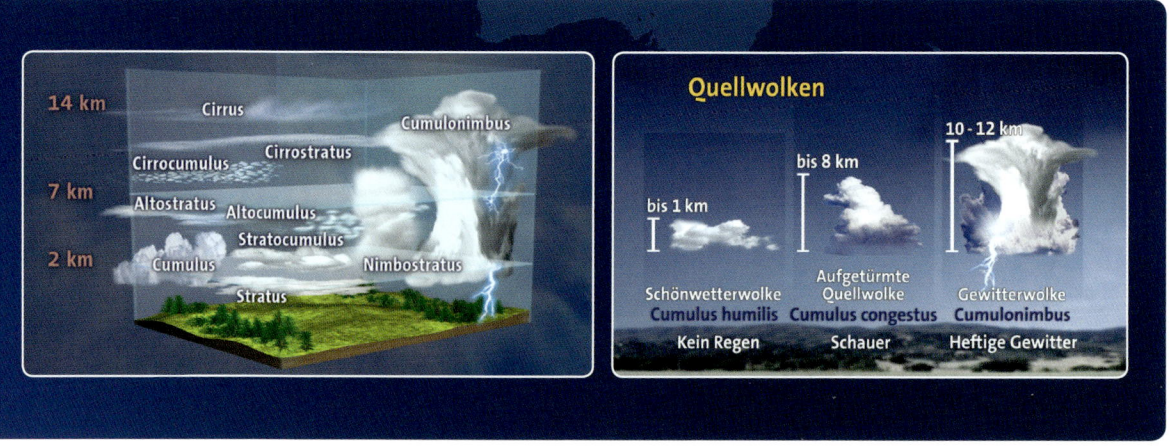

»Look up, marvel at the ephemeral beauty, and always remember to live life with your head in the clouds!« heißt frei übersetzt ungefähr so viel wie «Schau nach oben, staune über die vergängliche Schönheit und denke immer daran, mit dem Kopf in den Wolken zu leben!«. Es sind die letzten Zeilen aus dem Manifest der »Cloud Appreciation Society«, des Vereins der Menschen, die – wenn man es ganz wörtlich nimmt – Wolken zu schätzen wissen. Gegründet wurde er 2005 vom britische Autor und Wolkenfreund Gavin Pretor-Pinney, der sich darüber ärgerte, dass Wolken einen schlechten Ruf haben und etwas für Ihr Image tun wollte (https://cloudappreciationsociety.org/).

einer Höhe von 6 bis 10 Kilometern, bestehen aus Eiskristallen und entstehen durch das Aufsteigen der Luft in große Höhen. Dort bilden sich dann statt kleiner Wassertropfen direkt Eiskristalle. Federwolken geben Aufschluss über die Luftströmung in der Höhe.

Viele der Wolkengattungen haben noch unzählige Unterformen. Unterschieden wird zunächst nach den Gattungen. Zu den klaren Wolkenformen Cirrus (Ci), Stratus (St) und Cumulus (Cu) kommen die Mischformen Cirrocumulus (Cc), Cirrostratus (Cs) und Stratocumulus (Sc). Eine Stratocumulus beispielsweise ist eine Mischform aus einer Stratus- und einer Cumuluswolke – also eine Haufenschichtwolke. Darüber hinaus gibt es noch die Sondergattungen Altocumulus (Ac) und Altostratus (As). »Alto« kommt vom lateinischen Wort »altum« was Höhe bedeutet. Altocumulus sind also hohe Haufenwolken. Bleiben noch die beiden Regenwolken Nimbostratus (Ns) und Cumulonimbus (Cb), die auch schon Luke Howard beschrieb. »Nimbus« ist das lateinische Wort für Regenwolke.

U m zu verstehen, wie Wolken entstehen, muss man eigentlich nur vier Dinge wissen: 1. Warme Luft steigt auf. 2. Luft, die aufsteigt, kühlt ab. 3. Kalte Luft kann weniger Wasser speichern als warme Luft. 4. Das Wasser »kondensiert« aus, und es bilden sich Wolken und Regen. Wenn man das verstanden hat, ist es mit den Wolken ganz einfach. Denn alle Wolken entstehen im Grunde genommen nach dem gleichen Prinzip.

In der Luft befindet sich immer ein Anteil von Wasserdampf. Mal ist dieser höher, mal niedriger. Ein bisschen Wasserdampf ist allerdings immer drin – auch wenn man ihn nicht permanent sehen kann. Wie viel Prozent der Luft Wasserdampf ist, beschreibt die Luftfeuchtigkeit.

Die Luft kann in Abhängigkeit von ihrer Temperatur eine bestimmte Menge an Wasser in Form von Wasserdampf aufnehmen. 60 % Luftfeuchtigkeit meint, dass in der Luft 60 % der Menge an Dampf tatsächlich drin ist, die bei der aktuellen Temperatur drin sein könnte. In warme Luft passt dabei viel mehr Wasserdampf als in kalte. In einen Kubikmeter Luft mit 0 °C, passen gerade einmal 5 ml Wasser in Form von Wasserdampf, also – wenn es kondensieren würde – ein kleiner Teelöffel voll. In einen Kubikmeter 20 °C warme Luft passen dagegen 17 ml – das ist etwas mehr als ein halber Eierbecher voll –, und in 40 °C warme Luft passen

sogar 50 ml, also so viel wie in eine etwas größere Espressotasse.

Wenn sich Luft abkühlt, kann sie weniger Wasser speichern. Deswegen muss das Wasser irgendwo hin – es »kondensiert« aus. Das Wasser, was man bislang nicht sehen konnte, wird plötzlich sichtbar. Das ist dann die Wolke.

Viele Jahrhunderte war Malerei in erster Linie Malerei im Atelier. Das hatte verschiedene Gründe. Zum einen mussten die Farben aufwendig von den Künstlern gemischt werden und trockneten schnell ein. Zum anderen war Wetter in den Gemälden häufig nur ein stilistisches Mittel, um eine bestimmte Stimmung darzustellen. Es gab also eigentlich keinen Grund draußen zu malen. Beides änderte sich Mitte des 19. Jahrhunderts. Künstler begannen sich für Lichteffekte und die sich verändernden Farbstimmungen im Laufe der Jahreszeiten zu interessieren, und der Amerikaner John Goffe Rand erfand die Farbe in der »Tube« (vom lateinische Wort »tubus« für Rohr).
Farben ließen sich nun in kleinen Bleituben verwahren, transportieren und unter freiem Himmel verwenden. Maler konnten dadurch das Licht des Tages und die unterschiedlichen Stimmungen des Wetters und der Jahreszeit direkt auf die Leinwand bringen (»en-plain-air«-Malerei). Daraus entwickelte sich eine ganz neue Stilrichtung, der das Bild »l'impression, Soleil levant« (auf deutsch »Impression, Sonnenaufgang«) von Claude Monet aus dem Jahr 1872 seinen Namen gab: »Impressionismus«.

TROCKENE HEIZUNGSLUFT!

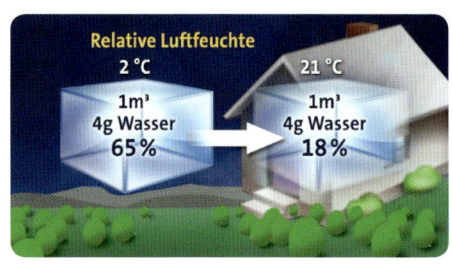

Im Winter ist prinzipiell weniger Feuchtigkeit in der Atmosphäre, denn kalte Luft kann ja weniger Wasserdampf speichern als warme Luft. In einem Kubikmeter Luft mit 65 % Luftfeuchtigkeit sind bei 2 °C Temperatur gerade mal 4 g Wasser. Das ist nicht viel, aber man empfindet es angesichts der prozentual hohen Feuchtigkeit nicht als unangenehm. Anders sieht die Sache aus, wenn diese 2 °C kalte Luft mit den 4 g Wasser im Haus von der Heizung auf 21 °C erwärmt wird. (G9) Dann sind immer noch lediglich 4 g Wasser drin, was aber nun – da ja in warme Luft mehr Wasser passt als in kalte – nur noch 18 % Luftfeuchtigkeit entspricht. Die Luft ist gefühlt »trocken«. Weil in kalte Luft absolut gesehen nur wenig Wasser passt, sollte man Keller vor allem im Winter oder wenn im Sommer, dann morgens früh, lüften.

Es gibt viele Möglichkeiten, warum Luft abkühlt.

Im Laufe des Tages erwärmt die Sonne die Luft. Warme Luft steigt auf, kühlt sich ab und bildet Wolken. Weil die Luft das Wasser je nach Luftfeuchtigkeit bei einer bestimmten Temperatur nicht mehr halten kann und diese Temperatur auf einer bestimmten Höhe erreicht wird, sind Wolken unten flach. Je nachdem, wie viel Energie die Sonne hat, steigt die Luft auf. Deswegen sehen diese Wolken oben aus wie kleine Wattebällchen. Das sind die Wolken, die man häufig an einem Sommernachmittag sieht.

Eine andere Möglichkeit für Wolkenbildung ist Luft, die über das Land strömt und zum Beispiel gegen einen Berg stößt. Um den Berg zu überqueren, muss die Luft aufsteigen. Auch dabei kühlt sie sich ab und bildet Wolken. Deswegen bilden

sich Wolken häufig an Bergen, und zwar immer auf der Seite, von der die Luft den Berg anströmt.

Manchmal entstehen Wolken aber auch, weil eine ganz neue Luftmasse kommt. Erreicht uns an einem schwülwarmen Sommertag trockene, kühle Luft aus Nordwesten, vermischen sich die beiden Luftmassen an der Grenze, und es entstehen große Wolken und kräftige Gewitter (siehe Kaltfront Seite 29).

Erreicht uns an kalten Tagen milde Luft, schiebt sich die milde Luft auf die kalte Luft und wird dadurch zum Aufsteigen gezwungen. So entstehen Schichtwolken und lang anhaltender Regen – den man auch Landregen nennt (siehe Warmfront Seite 29).

FAUSTREGEL NUMMER 1:
Wenn man sich an einem Sommernachmittag eine Quellwolke anschaut und

Wann und wo genau Schauer und Gewitter entstehen, lässt sich nur schwer sagen. Manchmal hilft der Blick auf ein Regenradar, um zu sehen, ob sich in der näheren Umgebung bereits Schauer gebildet haben. Aber manchmal bildet sich ein Schauer auch direkt über einem. Meist kann ein Blick zum Himmel helfen: Vielen Wolken sieht man es nämlich an, dass es gleich zu regnen beginnt. Dazu gibt es zwei ganz grobe Faustregeln, aber an einem warmen Sommertag sind sie zumindest schon mal eine kleine Hilfe.

der Abstand zwischen der Wolkenunterseite und der Wolkenoberseite kleiner ist als der Abstand zwischen Wolkenunterseite und Erdboden, muss man sich meistens keine Sorgen machen. Die Wolken sind oft harmlos. Wenn allerdings der Abstand zwischen Wolkenunterseite und der Wolkenoberseite deutlich größer ist als der Abstand zwischen Wolkenunterseite und Erdboden, könnte es sein, dass sich heftige Schauer und Gewitter entwickeln. Muss nicht, ist aber gut möglich. Wenn man sehr hohe Wolken sieht, sollte man sich schon mal nach einem trockenen und sicheren Ort umschauen.

FAUSTREGEL NUMMER 2:

Wenn die Wolke breiter als hoch ist, ist es kein Problem. Dann handelt es sich meist um eine Wolke der Gattung Cumulus humilis – eine Schönwetterwolke. Wenn allerdings die Wolke schmaler als hoch ist, könnte es kritisch werden. Dann ist es vermutlich eine Cumulus congestus, eine Schauerwolke, vielleicht auch schon eine Cumulonimbus, eine Regenwolke. Wenn man so eine sieht, sollte man sich schon mal umschauen, ob man sich irgendwo unterstellen kann.

Es lässt sich nicht genau vorhersagen, wo sich Schauer und Gewitter bilden. Nicht am Tag selbst, und schon gar nicht am Tag davor. Man muss sich das vorstellen, wie einen Topf mit Wasser, den man auf eine heiße Herdplatte stellt. Das Wasser ist die Luft und die Herdplatte ist der warme Boden, der von der Sonne erwärmt wird. Jeder wird natürlich sofort sagen, dass nach einer Weile das Wasser zu kochen beginnt und Blasen entstehen. Aber wer kann schon sagen, wie viele Blasen es genau werden, wo die erste oder die zweite entsteht und wie groß sie dann sind. So ist das mit den Gewittern. Es lässt sich zwar vorhersagen, dass sie entstehen werden, aber man kann nicht genau sagen wo.

Einen ähnlichen Vergleich kann man mit Popcorn ziehen. Schüttet man Mais in einen Topf und stellt ihn auf eine heiße Herdplatte, werden nach und nach die Maiskörner aufplatzen, und es entsteht Popcorn. Aber es lässt sich nicht sagen, welches Maiskorn zuerst aufpoppt und welches zuletzt. Manche poppen auch gar nicht auf.

Forscher haben ausgerechnet, dass es auf der Erde pro Jahr etwa 500.000 Kubikkilometer Wasser regnet. Also nicht Kubikmeter, sondern tatsächlich Kubikkilometer. Würde das alles allein über Deutschland fallen, stünde das Land rund eineinhalb Kilometer hoch unter Wasser. Da würden dann nur noch die Spitzen der höchsten Berge herausschauen.

DER GERUCH VON REGEN

Auch wenn reines Wasser an sich nicht riecht, hat Regen dennoch einen Geruch – gerade an einem Sommertag, wenn es lange nicht geregnet hat. Das liegt an den ätherischen Ölen, die sich auf den Blättern der Pflanzen bilden und vom Regen abgewaschen werden. Auch wenn sich Regen ankündigt, kann man das vorher unter Umständen schon riechen. Denn dann steigt meistens im Vorfeld die Luftfeuchtigkeit, und Feuchtigkeit lagert sich auch am Boden an. Das setzt »Geosmin« frei, einen Duftstoff der von Bakterien im Boden gebildet wird.
Der wissenschaftliche Name für den Geruch des Regens ist »Petrichor«. Der Name setzt sich zusammen aus den griechischem »Petros« (was »Stein« heißt) und »Ichor« (was nach griechischer Mythologie die Flüssigkeit war, die durch die Adern der Götter floss).

Eine ganz besondere Form der Wolken sind die Föhnwolken – zum Beispiel die Föhnmauer, die aussieht wie eine Mauer, die auf dem Bergrücken steht. Sie ist das sichtbare Zeichen eines Windes, den man Föhn nennt. Dieser ist ein warmer Fallwind, der von den Alpengipfeln ins Tal fällt (siehe Seite 82).

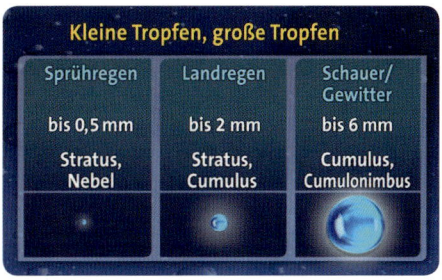

Ob am Ende Regen, Schnee, Hagel oder gar nichts aus einer Wolke fällt, hängt allerdings von verschiedenen Faktoren ab. Auch die Größe der Regentropfen und die Form der Schneeflocken sind ganz unterschiedlich.

Sprühregen, der oft aus Stratuswolken oder Nebel fällt, hat eine Tropfengröße von bis zu 0,5 mm. Bei Landregen haben die Tropfen eine Größe von bis zu 2 mm, und bei Schauern und Gewittern beträgt die Tropfengröße 6 mm.

Je nach Größe ändert sich auch die Form des Regentropfens. Ganz kleine Regentropfen sind tatsächlich rund. Größere Regentropfen um 3 mm haben eher die Form einer an der Unterseite eingedellten Linse. Und Regentropfen über 4,5 mm kann man genau genommen schon fast gar nicht mehr als Tropfen bezeichnen.

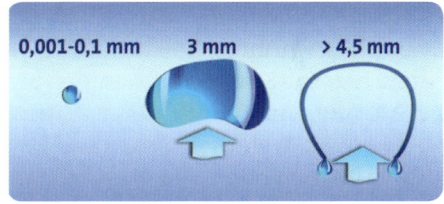

Schneeflocken entstehen, wenn die kleinen Wassertröpfchen in der Wolke gefrieren. Das passiert bei Temperaturen ab −12 °C.

Häufig entsteht dabei die klassische Schneeflocke mit den sechs Enden, die aussieht wie ein kleiner Stern. Schneeflocken müssen aber nicht unbedingt aussehen wie kleine Sterne. Manchmal sind sie auch einfach nur kleine Plättchen oder Nadeln. Das hängt von der Temperatur ab, bei der die Schneeflocke entsteht. Je kälter es ist, desto kleiner werden die Schneeflocken. Eine mittelgroße Schneeflocke ist etwa 5 Millimeter groß und wiegt 0,004 Gramm.

Die beste Schneeballschlacht lässt sich übrigens mit Schneeflocken machen, die bei Temperaturen um −10 °C entstehen. Dann haben die Schneeflocken nämlich diese schöne Sternform, und die einzelnen Enden der Flocke verhaken sich besonders gut ineinander. Das bedeutet, dass der Schnee gut zusammen hält. Die Sternenform ist auch der Grund dafür, warum Schnee manchmal knirscht, wenn man darauf tritt. Läuft man durch den Schnee, brechen die kleinen Ärmchen, mit denen sich die Schneeflocken miteinander verhakt haben. Das erzeugt das Knirsch-Geräusch.

Schneeflocken können aber noch ganz andere Geräusche machen. Amerikanische Forscher haben herausgefunden, dass einige Schneeflocken einen sehr hohen Ton (50 bis 200 Kilohertz) erzeugen, wenn sie in einen See oder eine Wasserpfütze fallen. Warum genau sie das tun, ist bis heute ungeklärt. Diesen Ton können Menschen allerdings nicht hören. Doch das ist vielleicht auch besser so denn es wäre ein ganz schöner Krach, wenn Hunderttausende von Schneeflocken ins Wasser fallen.

Schneeflocken segeln übrigens ganz langsam zu Boden. Sie haben eine Geschwindigkeit von gerade mal 4 km/h. Das entspricht einem zügigen Spaziergang. Ähnlich schnell sind die kleinen Tropfen im Nieselregen. Größere Regentropfen schaffen es bis auf eine Geschwindigkeit von rund 30 Kilometer pro Stunde. So schnell ist etwa ein 400-m-Läufer.

Bei Hagelkörnern kommt es auf die Größe an: Kleine Hagelkörner fallen mit Geschwindigkeiten von bis zu 50 km/h aus der Wolke, große Hagelkörner erreichen Geschwindigkeiten von mehr als 100 km/h. Auch das macht sie so gefährlich. Ein Hagelkorn mit einem Durchmesser von 20 cm erreicht sogar Geschwindigkeiten von bis zu 260 km/h.

DRAUSSEN EISIG – DRINNEN KUSCHELIG

In den vergangenen Jahren sind Eishotels immer mehr zum Trend geworden. Im Grunde sind sie nichts anderes als moderne Iglus. Vergleichsweise warm ist es im Inneren, weil die Schneewände die vom Körper abstrahlende Wärme reflektieren und im Iglu halten. Bei −10 °C draußen liegen die Temperaturen drinnen bei ungefähr +5 °C.

WAS WIEGT SCHNEE?

Wenn man die kleinen, leichten Schneeflocken vom Himmel schweben sieht,

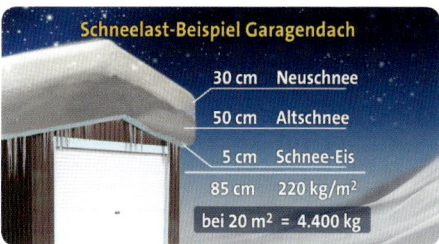

Schneelast-Beispiel Garagendach

30 cm	Neuschnee
50 cm	Altschnee
5 cm	Schnee-Eis
85 cm	220 kg/m²

bei 20 m² = 4.400 kg

kann man sich gar nicht vorstellen, dass sie gefährlich werden können. Aber wenn viele Schneeflocken zusammenkommen, summiert sich deren Gewicht ordentlich. Nimmt man beispielsweise etwa 10 cm hohen Schnee von einem Quadratmeter ab, ergibt dies bei Pulverschnee ungefähr 5 kg Gewicht, bei Neuschnee dagegen schon 10 kg. Das ist für ein gewöhnliches Haus- oder Garagendach aber noch kein Problem.

Problematisch wird es dann, wenn der Schnee ein paar Tage liegt. Denn dann verschwindet das Luftpolster zwischen den einzelnen Schneeflocken, der

Schnee setzt sich, und aus dem leichten Neuschnee wird schwerer Altschnee. Der wiegt beim obigen Beispiel etwa 50 kg. Schnee schmilzt unter Druck und friert bei Temperaturen unter 0 °C wieder fest. So wird aus dem Altschnee Eis und das wiegt dann sogar 90 kg.

Nach ein paar Tagen Schneefall befindet sich auf einem Hausdach neben dem Neu- und dem Altschnee meist auch eine Schicht Eis. Und so liegen bei beispielsweise 85 cm »Schnee« schon mal 220 kg Last auf einem Quadratmeter Dach. Bei einer Garage mit beispielsweise 20 m² summiert sich das auf 4.400 kg – was etwa zwei großen Autos entspricht. Anders ausgedrückt heißt das, dass ein Auto in der Garage steht und zwei oben drauf.

EISZAPFEN UND DACHLAWINEN

Besonders gefährlich für Fußgänger sind Tage, an denen sich die Temperaturen

um den Gefrierpunkt bewegen und neben Schneeschauern auch immer mal wieder die Sonne scheint. Dann nämlich taut der liegengebliebene Schnee an und friert wieder fest: Dachlawinen und Eiszapfen sind die Folge, und die können durchaus gefährlich werden, wenn sie einem auf den Kopf fallen. Deswegen sollte man Eiszapfen (auch wenn sie vielleicht ganz schön aussehen mögen) an der Dachrinne und Schnee auf dem Dach entfernen. Hauseigentümer haften, wenn da etwas passiert. Wer Eiszapfen am Dach hat, sollte den Bereich absperren und die Eiszapfen kontrolliert abschlagen oder abschlagen lassen. Für Fußgänger gilt besondere Vorsicht an diesen Tagen: Lieber ein bisschen Abstand zu Hausdächern halten und öfter mal nach oben schauen.

Eiszapfen können an ihrem Ende übrigens rund oder spitz sein. Das hängt vom Wetter und der daraus resultierenden Fließgeschwindigkeit der Tropfen sowie der Windgeschwindigkeit ab. Manche Tropfen schaffen es aufgrund der äußeren Umstände nicht, bis ans Ende des Eiszapfens zu kommen und frieren auf dem Weg dahin fest. Wissenschaftler am Technical Research Centre of Finland haben herausgefunden, dass Eiszapfen nur dann besonders lang werden, wenn es nahezu windstill ist. Unter optimalen Bedingungen wächst ein Eiszapfen bis zu 1 cm in der Stunde.

EISREGEN, UNTERKÜHLTER REGEN, GEFRIERENDER REGEN, ÜBERFRIERENDE NÄSSE, REIFGLÄTTE

Glatt ist glatt – das ist keine Frage. Aber es gibt es ganz unterschiedliche Möglichkeiten, wie Glätte entsteht.

»Eisregen« wird vieles genannt. Meteorologisch gesehen ist es nur »Eisregen«, wenn sich warme Luft zwischen zwei kalte Luftmassen schiebt und eine Schneeflocke zunächst durch eine dünne Schicht warmer und dann durch eine dicke Schicht kalter Luft fällt. In der warmen Luft schmilzt die Schneeflocke und friert in der kalten Luft zum Eiskorn, das dann auf die Erde fällt und mit anderen Eiskörnern eine Eisschicht bildet. Es regnet also tatsächlich Eis.

Das was im Volksmund häufig »Blitzeis« genannt wird, ist meteorologisch

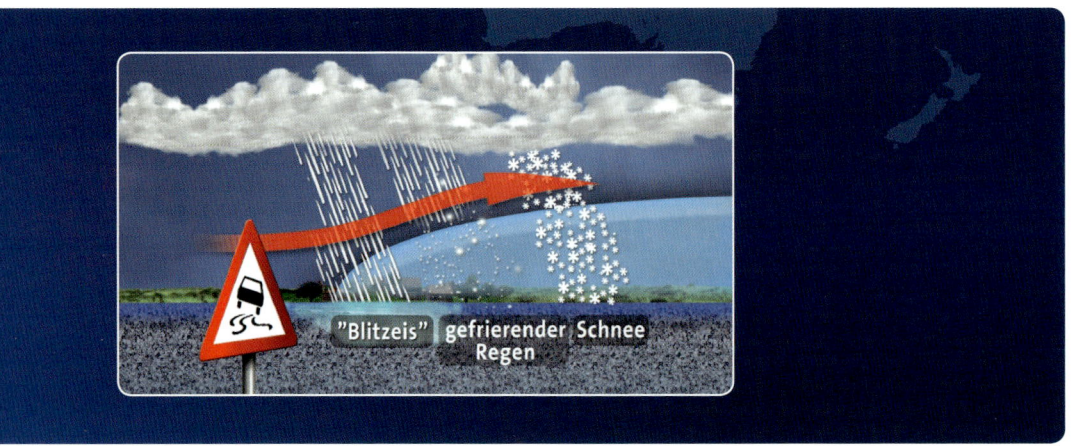

gesehen »unterkühlter Regen«. In diesem Fall fällt ein Regentropfen durch eine etwas dünnere kalte Luftschicht, wird dabei aber nicht zur Schneeflocke, sondern bleibt – weil ihm die Zeit oder ein Kondensationskern fehlen, um zum Eiskorn zu gefrieren – ein Regentropfen. Trifft dieser Regentropfen, der eine Temperatur unter dem Gefrierpunkt hat und gern festfrieren würde, aber nicht kann, auf einen festen Gegenstand, nutzt er diesen als Kondensationskern und friert sofort fest. Innerhalb kürzester Zeit sind so Gegenstände von einer dicken Eisschicht überzogen. Die Temperatur von Wasser kann auf bis zu –20 °C sinken. Solange die Wassertröpfchen in der Luft schweben, bleiben sie flüssig.

Um »gefrierenden Regen« handelt es sich, wenn ein Regentropfen nur durch eine sehr dünne Schicht kalter Luft fällt, dann auf etwas Gefrorenes trifft und sofort festfriert. Das heißt, dass die Lufttemperatur in Bodennähe zwar unter dem Gefrierpunkt liegt, der Regentropfen selbst aber eine Temperatur über dem Gefrierpunkt hat. Da der Boden jedoch gefroren ist, friert der »warme« Regentropfen am gefrorenen Boden fest.

»Überfrierende Nässe« entsteht, wenn der Boden nass ist und die Temperatur unter den Gefrierpunkt fällt. Das ist im Herbst und Winter, vor allem aber oft in den frühen Morgenstunden der Fall. Die kälteste Temperatur wird meistens kurz nach Sonnenaufgang erreicht. Hat es geregnet und die Temperaturen sinken am Boden unter den Gefrierpunkt, friert das Regenwasser auf der Straße fest.

Im Englischen wird die dünne Eisschicht auf Straßen »black ice« (engl. für »schwarzes Eis«) genannt. Natürlich

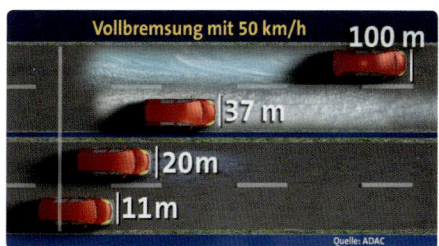

Der Bremsweg eines Autos variiert je nach Straßenbeschaffenheit erheblich. Fährt ein Auto mit 50 km/h und legt auf trockener Straße eine Vollbremsung hin, beträgt der Bremsweg rund 11 m. Bei Nässe beträgt der Bremsweg ungefähr 20 m, bei Schnee 37 m und bei Eis 100 m.

Besonders gefährlich wird es für Autofahrer auch, wenn zu viel Wasser auf der Straße steht. Dann besteht Gefahr von Aquaplaning. Autoreifen haben Rillen, um das Wasser nach außen zu verdrängen. Wenn Autoreifen abgefahren sind und zu wenig oder gar kein Profil mehr haben oder wenn zu viel Wasser auf der Straße ist, schwimmt der Reifen auf und verliert den Kontakt zur Fahrbahn. Dadurch rutschen Autos unlenkbar und ungebremst auf dem Wasserfilm.

Wie schnell trocknen nasse Straßen?

	Sommer	Herbst	Winter
Bewölkung	☀	⛅	☁
Watt/m²	1100	300	50
Trockener Asphalt	5-10 Min.	1-2 Std.	ganztägig feucht

Wie schnell eine Straße abtrocknet, hängt vom Belag und auch von der Bewölkung ab. Wenn das oberflächliche Wasser abgeflossen ist, trocknet der Asphalt an einem sonnigen Sommertag in etwa 5 bis 10 Minuten. An einem bewölkten Herbsttag braucht es schon ein bis zwei Stunden, und wenn es im Winter wolkenverhangen ist, bleibt die Straße schon mal den ganzen Tag lang feucht.

ist das Eis nicht wirklich schwarz. Die dünne Eisschicht ist aber durchsichtig und man kann den dunklen schwarzen Straßenbelag durch sie hindurchsehen. So erscheint das Eis zum einen schwarz, zum anderen ist es auf der Straße kaum zu erkennen. Das macht es für Autofahrer und Fußgänger ganz besonders gefährlich.

Bei der Rallye Monte Carlo – einer der berühmtesten Rallyes der Welt – führt das »black ice« immer wieder zu Un- und Ausfällen. Die Rallye, die in weiten Teilen durch die französischen Seealpen führt, beginnt schon in den frühen Morgenstunden. Gerade in den Senken bildet sich dann immer wieder »black ice«, was für die Rallyefahrer kaum zu erkennen ist.

RAUREIF

Manchmal sieht man im Winter eine weiße Schicht um Äste und Zweige.

RUTSCHFESTE SOCKE

Warum auch immer es gerade glatt ist – nicht nur für Autofahrer, sondern auch und vor allem für Fußgänger ist das gefährlich. Es gibt allerdings einen ganz einfachen Trick, wie man auf glatten Gehwegen sicheren Halt hat. Es sieht ein bisschen albern aus, aber es funktioniert – und das ist ja das Wichtigste. Man muss sich einfach nur dicke Wollsocken über die Schuhe ziehen. Ja genau, nicht an den Fuß, sondern außen über den Schuh. Den Trick kannten schon unsere Großmütter, und er funktioniert tatsächlich. Denn wenn man über Eis läuft, schmilzt durch den Druck, den das eigene Körpergewicht ausübt, die oberste Eisschicht. Es entsteht ein dünner Wasserfilm, und auf dem rutscht man aus. Zieht man nun dicke Wollsocken außen über die Schuhe, saugt die Wolle das Wasser auf. Deshalb gibt es keinen Wasserfilm mehr, und man kommt sicher über das Eis.
Die dünne Wasserschicht auf dem Eis ist übrigens auch der Grund, warum man Schlittschuhlaufen kann: Die Metallkufe des Schlittschuhs gleitet auf dem Wasserfilm über das Eis.

Das ist Raureif, der durch kleine Nebeltröpfchen entsteht, die dort festfrieren. Raureif kann durchaus schon mal 5 bis 10 Zentimeter dick sein, selbst wenn die Tröpfchen nur ganz klein sind. Die weiße Farbe kommt von den vielen kleinen Luftbläschen, die im Eis eingeschlossen sind. Sie frieren dann mit ein, wenn die Eisschicht besonders schnell wächst. Frieren die Nebeltröpfchen nur ganz langsam an den Zweigen fest, werden keine Luftbläschen eingeschlossen, und das Eis ist ganz klar.

Raureif oder Raueis wachsen übrigens immer dem Wind entgegen. Um sie entstehen zu lassen, braucht es kleine Nebeltröpfchen mit einer Temperatur von unter 0 °C. Das ist genau das gleiche Prinzip wie beim Eisregen. Nur dass es kein Regen ist, sondern Nebel – also kleine Wassertröpfchen, die in der Luft schweben. Trifft so ein unterkühltes Nebeltröpfchen aber auf einen festen Gegenstand, beispielsweise einen Zweig oder Ast, friert es sofort fest. Auf diese Weise lagern sich immer mehr Nebeltröpfchen an, und die Eisschicht wächst. Besonders gefährlich ist es, wenn sich der Raureif am Boden bildet. Also wenn die Nebeltröpfchen am Asphalt festfrieren. Nebel an sich ist ja schon im Sommer gefährlich, weil man in diesen Bedingungen manchmal nicht mal 50 Meter weit schauen kann. Besonders kritisch ist es im Herbst oder Winter. Da sinkt die Lufttemperatur zum Teil unter den Gefrierpunkt, sodass die Nebeltröpfchen am Boden festfrieren und es glatt und damit besonders gefährlich wird.

REIFGLÄTTE

Im Gegensatz zu Glätte durch Raureif, die an Nebeltagen entsteht, bildet sich Reifglätte oft bei trockenem, häufig

Zwiebelprinzip der Hagelentstehung

wolkenlosem Wetter im Herbst und Winter. Reifglätte entsteht, wenn sich an frostigen Tagen der Wasserdampf der Luft an Straßenoberflächen oder Gegenständen absetzt und gefriert – sich also am Boden kleine Eiskristalle bilden. Besonders tückisch ist dies auf Brücken, die durch ihre exponierte Position oft etwas kälter als ihre Umgebung sind und darüber hinaus nachts stärker abkühlen. Dort ist die Reifglätte zudem kaum zu erkennen, weil die kleinen Eiskristalle fast durchsichtig sind.

HAGEL

Hagel entsteht, wenn die Regentropfen in einem Pater Noster ein paar Runden drehen – um es mal ganz vereinfacht auszudrücken. Prinzipiell entsteht ein Regentropfen, wenn warme Luft aufsteigt, sich abkühlt und dann nicht mehr so viel Wasser speichern kann. Das Wasser kondensiert aus, und es bilden sich kleine Wolkentröpfchen. Ab einer bestimmten Höhe ist es so kalt, dass die Wolkentröpfchen unterkühlen – also Temperaturen im Minusbereich haben. An sogenannten Kondensations- oder Eiskernen – häufig mineralische Aerosolteilchen, die sich in der Luft befinden – bilden sich erste ganz kleine Eiskristalle. Diese Eiskristalle fallen nach unten, werden aber vom Aufwind in der Wolke wieder nach oben mitgerissen. Auf Ihrem Weg durch die Wolke stoßen

sie mit weiteren Regentropfen und Eiskristallen zusammen und wachsen dabei rasch an. So geht das eine ganze Weile. Dadurch wird aus dem kleinen Eiskristall ein kleinerer oder größerer Eisklumpen – also ein Hagelkorn, das aus vielen Schichten besteht. Irgendwann sind die Hagelkörner so groß und schwer, dass der Aufwind sie nicht mehr mitreißen kann und sie aus der Wolke fallen. Weil die Hagelkörner oft ähnlich groß sind, fallen sie alle auf einmal an einer bestimmten Stelle aus der Wolke.

NEBEL

Nebel entsteht fast immer dann, wenn sich Luft – auf welche Weise auch immer – abkühlt und dabei einen Zustand erreicht, bei dem sie das Wasser nicht mehr speichern kann und es »auskondensiert«. Auf diese Weise wird die Feuchtigkeit in der Luft in Form von kleinen Wassertröpfchen sichtbar. Für die Abkühlung von Luft und die Bildung von Nebel gibt es die unterschiedlichsten Gründe.

Nebel bildet sich besonders häufig im Herbst. Bodennahe, feuchtwarme Luftschichten kühlen in den Nächten dieser Jahreszeit bis zum Taupunkt ab. Das ist (ganz vereinfacht gesagt) der Punkt, an dem die Luft »gesättigt« ist und das Wasser in der Luft auskondensiert. Wenn es windstill ist und die Luftschichten nicht durchmischt werden, bildet sich Nebel – vor allem in den frühen Morgenstunden. Der klassische herbstliche Morgennebel hält nach Sonnenaufgang für gewöhnlich noch drei bis fünf Stunden. Erst dann hat die Sonne genug Kraft, um die Luft so stark zu erwärmen, dass sie wieder mehr Wasser aufnehmen und sich der Nebel auflöst.

Nebel an Küsten und in Flussauen entsteht oft durch das Aufeinandertreffen von warmer und kalter Luft. Da kalte Luft weniger Wasser aufnehmen kann als warme, kondensiert die Luftfeuchtigkeit der warmen Luft beim Zusammentreffen mit der kalten aus. Ein Vorgang, der in Deutschland häufig im Herbst passiert. Das Fluss- oder Meerwasser ist dann oft noch warm und sorgt dafür, dass die Luft über diesen Gewässern feuchtwarm ist, vor allem aber wärmer als die Luft darum herum. Wenn sich dann diese beiden Luftmassen vermischen, bildet sich Nebel. Möglich ist dieser Effekt auch, wenn ein warmer oder kalter Meeresstrom auf eine andere Luftmasse mit gegensätzlicher Temperatur trifft. Ein klassisches Beispiel dafür ist der Nebel an der Golden Gate Bridge in San Francisco. Entlang der amerikanischen Westküste fließt der kalte Labradorstrom. Trifft dieser nun auf deutlich mildere Umgebungsluft bildet sich Nebel – weshalb die Golden Gate Bridge so oft in selbigem versinkt.

Auch der Nebel in London gehört zu den ganz klassischen Erscheinungen dieses Wetterphänomens. In alten Krimis sieht man London ja oft im Nebel. Das war damals tatsächlich so und liegt an einer anderen Entstehungsart des Nebels. Nebel entsteht nämlich auch, wenn die kleinen Wassertropfen in der Luft etwas finden, an dem sie sich festhalten können. Einen – wie Meteorologen sagen – Kondensationskern. Im vergangenen Jahrhundert wurde in London, wie in vielen anderen Städten auch, mit Kohle geheizt. Das hatte zur Folge, dass aus den Schornsteinen der Londoner Häuser kleine Rußpartikel kamen. An die hängten sich die Wasserteilchen aus der feuchten Luft rund um die Themse, und so bildete sich Nebel und durch den dichten Verkehr in der Folge oft Smog. Bei der großen Smogkatastrophe (»The Great Smog«) vom 5.–9.12.1952 betrug die Sichtweite in der britischen Landeshauptstadt zum Teil nur 30 cm. Zehntausende bekamen Atemprobleme, Tausende starben. Als Folge der Katastrophe wurde 1956 der »Clean Air Act« (Gesetz zur Reinhaltung

der Luft) beschlossen. Mittlerweile wird auch in London nicht mehr mit Kohle geheizt, und der Nebel ist dadurch deutlich weniger geworden.

Nach einem ähnlichen Prinzip bildet sich heute übrigens immer mal wieder Schnee über einem Industriegebiet, der dann im Volksmund »Industrieschnee« heißt. Dort hängen sich die kleinen Wassertröpfchen an die Staubpartikel des Industriebetriebes, und die Luftfeuchtigkeit kondensiert aus. Im Winter gibt es in der Nähe von Industrieanlagen gelegentlich den ersten Schnee. An manchen Wintertagen gibt es sogar nur dort Schnee und sonst nirgendwo.

Wie dicht der Nebel ist, unterscheidet man nach der Sichtweite. Beträgt diese nur 50 Meter spricht man von dichtem Nebel. Sind es 200 Meter, ist es starker Nebel. Bei einem Kilometer spricht man von leichtem Nebel. Alles darüber hinaus ist Dunst. Und auch da gibt es wieder

Unterschiede. Kann man 10 Kilometer weit sehen, spricht man immer noch von leichtem Dunst. Das gefährlichste ist natürlich der dichte Nebel. Vor allem, wenn man mit dem Auto oder Fahrrad unterwegs ist.

Nebel oder nicht ist manchmal nur eine Frage von ein paar Metern oder einem halben Grad Temperaturunterschied. Beträgt die Lufttemperatur beispielsweise 2 °C und die Luftfeuchtigkeit 98 %, ist die Luft noch klar, aber es braucht nur ein halbes Grad weniger, und schon bildet sich Nebel. Ein halbes Grad kann beispielsweise am Rande eines offenen Feldes oder in einer Senke, in der sich die etwas kühlere Umgebungsluft sammelt, herrschen. Als Autofahrer fährt man dann innerhalb von nur wenigen Metern ganz plötzlich in eine Nebelwand.

Im Nebel sollte man einige Dinge beachten: Zunächst einmal sollte man das Licht anmachen – allerdings auf keinen Fall das Fernlicht. Denn das macht die Sicht noch schlechter, da die kleinen Wassertropfen, aus denen der Nebel besteht, das Licht reflektieren und man dadurch noch weniger sieht. Die Nebelscheinwerfer und die Nebelschlussleuchte darf man laut Straßenverkehrsordnung erst bei einer Sichtweite unter 50 Metern und außerhalb geschlossener

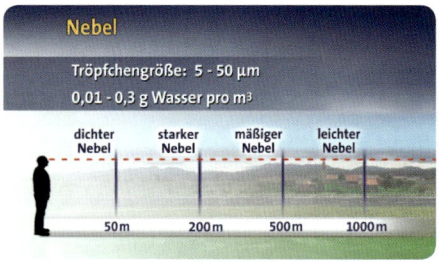

Vorsicht „Nebelwand"!

98 % Luftfeuchte
2,5 °C

98 % Luftfeuchte
2,5 °C

100 % Luftfeuchte
2 °C

Ortschaften anmachen. Das entspricht auf der Autobahn dem Abstand zwischen zwei Leitpfosten. Die Sichtweite sollte auch die maximale Geschwindigkeit sein. Und last but noch least: Man sollte die Lüftung oder besser noch die Klimaanlage anschalten. Das entzieht der Luft im Auto die Feuchtigkeit und verhindert, dass die Scheiben von innen beschlagen.

Wie häufig es Nebel gibt, ist ganz unterschiedlich. Ein Nebeltag ist – nach Definition der Meteorologen – ein Tag, an dem zumindest kurzzeitig die Sicht weniger als 1 km beträgt. Der Ort, der statistisch die meisten Nebeltage in Deutschland hat, ist – mit durchschnittlich 306 Tagen im Jahr – der Brocken im Harz.

KONDENSSTREIFEN

Kondensstreifen sind im Grunde genommen längliche künstliche Wolken. Sie entstehen in großer Höhe, wo die Luft sehr kalt ist, und zwar an Tagen, an denen die Luft besonders feucht und fast gesättigt ist. Damit sich eine Wolke bilden kann, braucht es an solchen Tagen Kondensationskerne, und genau die liefern die Abgase der Flugzeuge, denn die hauptsächlichen Verbrennungsprodukte von Kerosin sind Kohlendioxid und Wasserdampf. Kondensstreifen haben meist nur eine kurze Lebensdauer. Manchmal sieht man sie aber auch etwas länger am Himmel – das hängt von der Windgeschwindigkeit in der Höhe und der dadurch entstehenden Durchmischung der Luft ab.

TAGESSCHAU-THEMA DES TAGES – LEUCHTENDE NACHTWOLKEN

Nahezu alle Wolken auf unserem Planeten entstehen innerhalb der Troposphäre, also in Höhen zwischen 0 und etwa 14 Kilometern. Da die Troposphäre etwa 90 Prozent der gesamten Luft sowie beinahe den gesamten Wasserdampf der Erdatmosphäre enthält, gibt es in den Schichten darüber kaum Wolken. Eine Ausnahme stellen die polaren Stratosphärenwolken in einer Höhe von 22 bis 29 Kilometern dar. Noch deutlich höher anzusiedeln sind jedoch die leuchtenden Nachtwolken. Sie befinden sich am Oberrand der Mesosphäre, also im Bereich der sogenannten Mesopause in 81 bis 85 Kilometer Höhe. Dort ist die Luft zwar sehr trocken, zugleich aber auch extrem kalt. Hier werden die niedrigsten Temperaturen innerhalb unserer Atmosphäre erreicht. Im Extremfall können kurzfristig Werte um −140 °C auftreten, bei denen es dann trotz der trockenen Luft für die Bildung von Eiskristallen reicht.

Die Saison der leuchtenden Nachtwolken reicht auf der Nordhalbkugel von Mitte Mai bis Mitte August, wobei sie vor allem im Juni und Juli vorkommen. Es mag verwunderlich erscheinen, doch die globale Zirkulation in der Mesosphäre sorgt dort in den Sommermonaten für die niedrigsten Temperaturen. Sie treten vornehmlich in der Polarregion auf. Zu den anderen Zeiten des Jahres ist es für die Bildung leuchtender Nachtwolken nicht kalt genug.

Grund für das Leuchten der Wolken inmitten der Nacht ist die große Höhe, in der sich die Wolken befinden. Obwohl es eigentlich Nacht ist, werden sie noch von der

Sonne beschienen. Den Effekt kennt man im Kleinen von einem Sonnenuntergang. Während man sich als Beobachter schon im Schatten befindet, leuchten hohe Berge und die Wolken noch im Sonnenlicht. In dieser Hinsicht liegen die leuchtenden Nachtwolken dank ihrer großen Höhe gegenüber den anderen Wolken deutlich im Vorteil. Sie werden noch von der Sonne erreicht, wenn sich alles andere schon im Dunklen befindet. Sichtbar werden sie, wenn die Sonne mindestens 6 Grad unter dem Horizont steht, also während der nautischen Dämmerung. Vorher ist es einfach noch zu hell, um das sanfte Leuchten der Nachtwolken zu sehen. Steht die Sonne jedoch tiefer als 16 Grad unter dem Horizont, werden auch die Nachtwolken nicht mehr von der Sonne erreicht. Deshalb kann man sie im Süden Deutschlands nicht die ganze Nacht lang beobachten. Anders sieht es im Norden aus, wo die Sonne im Juni und Juli nicht so tief sinkt. In Schleswig-Holstein beispielsweise schafft sie es Ende Juni selbst zum Sonnentiefststand lediglich auf 12 Grad unter den Horizont.

Meistens sind die leuchtenden Nachtwolken relativ nah am Horizont in den Richtungen Nordwest bis Nordost zu sehen. Der Grund hierfür ist, dass sie überwiegend in der Mesosphäre nördlich von Deutschland entstehen. Leuchtende Nachtwolken, die senkrecht über der Nordsee oder Südskandinavien liegen, erscheinen aus unserem Blickwinkel von Deutschland aus gesehen im Norden. Das Foto links entstand am 21. Juni um 22:50 Uhr MESZ in Frankfurt am Main. Zum Zeitpunkt der Aufnahme reichten die Wolken bis in den Zenit hinauf, ein sicher sehr seltener Anblick. Ein Teil der Wolken befand sich also tatsächlich genau über der Mitte Deutschlands. Die Sonne stand zu dieser Zeit 8,7 Grad unter dem Horizont, normale Wolken hätte sie nicht mehr erreichen können. Die Wolken befanden sich in etwa 83 Kilometern Höhe. Aus dieser Höhe kann man 1.100 Kilometer weit schauen. Oder anders ausgedrückt: Die Wolken bekommen noch Sonnenlicht, bis die Sonne von der Wolke aus gesehen in 1.100 Kilometer Entfernung gerade untergeht. Am Beobachtungsort steht sie dann bereits 10 Grad unter dem Horizont. Das ist also die Grenze, bei der leuchtende Nachtwolken in einer Höhe von 83 Kilometern direkt über dem Beobachter noch sichtbar sind. In der Nähe des nördlichen Horizonts kann man sie auch bei noch tieferen Sonnenständen sehen. Zu den 1.100 Kilometern kommt dann noch die Strecke hinzu, die zwischen dem Beobachtungsort und den Wolken liegt. Am 21. Juni war von Frankfurt aus selbst um 0:30 Uhr im Norden noch ein schmaler Streifen leuchtender Wolken zu sehen, als die Sonne bereits 15 Grad unter dem Horizont stand.

Leuchtende Nachtwolken sind nicht überall auf der Erde sichtbar. In geografischen Breiten nördlich von 70 Grad, wie im Norden von Norwegen, wird es zur Beobachtungssaison nicht dunkel genug. Südlich des 45. Breitenkreises, also in Südeuropa, kühlt sich der obere Bereich der Mesosphäre meist nicht mehr stark genug ab.

Dr. Ingo Bertram

INVERSIONSWETTERLAGE

Die Inversionswetterlage ist eine ganz klassische Winterwetterlage. Für gewöhnlich ist es auf den Bergen kühler als in den Tälern. Bei der Inversionswetterlage ist es genau andersherum. Die kalte Luft von den Bergen kullert ins Tal und bleibt dort liegen. Dadurch bildet sich dort ein Kaltluftpolster. Warme Luft liegt darüber oder zieht zumindest darüber hinweg und verhindert damit, dass die kalte Luft entweichen kann. Deshalb stauen sich in den Tälern die Abgase, und es bildet sich Dunst oder eine Hochnebeldecke. Diese verhindert, dass sich die Luft im Tal erwärmen kann, und so erhalten sich Inversionswetterlagen manchmal über Tage hinweg selbst.

DIE HIMMELSFARBEN

Je nach Uhrzeit und Wetterlage hat der Himmel die unterschiedlichsten Farben.

Das liegt daran, dass die Sonnenstrahlen einen langen Weg durch die Atmosphäre zurücklegen müssen und dabei von kleinen Staubpartikelchen und kleinen Wassertröpfchen in der Luft gestreut werden.

Wenn die Sonne hoch am Himmel steht, ist der Weg der Sonnenstrahlen durch die Atmosphäre relativ kurz. Blaues Licht ist kurzwellig und wird daher stärker gestreut als rotes Licht. Und weil von den Sauerstoff- und Wasserstoffmolekülen der Luft hauptsächlich blaues Licht zurückgeworfen wird, erscheint der Himmel blau. Besonders blau übrigens, wenn die Luft sauber und trocken ist – also wenn wenig Staub und Wassertröpfchen in der Luft sind. Das ist meist dann der Fall, wenn Kaltluft nach Deutschland kommt. Ist es feucht oder ist viel Staub in der Luft, erscheint der Himmel weiß oder trüb.

Der französische Künstler Yves Klein hatte ein ganz besonderes Verhältnis zu Himmel und Wolken und wurde aufgrund seiner leuchtend blauen gleichfarbigen Gemälde weltbekannt. Er wurde 1928 in Nizza geboren und liebte das Blau des Himmels über der Côte d'Azur – der blauen Küste. Als er an einem Nachmittag im Jahr 1946 mit seinen beiden besten Freunden am Strand lag, schuf er sein erstes Werk. Er hielt den Himmel über der Côte d'Azur für das perfekte Kunstwerk. Deshalb schrieb er seinen Namen an den Himmel und signierte auf diese Weise sein erstes »Kunstwerk –

Yves Klein, La Victoire de Samothrace, 1962, H.v.G., Berlin.

und ärgerte sich über die Vögel, die dieses Werk zerstörten. Auch ein Jahr später war es der Strand von Nizza, an dem er mit beiden besagten Freunden die Erde aufteilte. Armand Fernandez nahm die Erde und die Gegenstände, Claude Pascal die Luft und Yves Klein den Himmel. Das Blau des Himmels über Nizza hat Yves Klein nie losgelassen. Mit vielen seiner Kunstwerke hat er versucht, das Himmelsblau zu kopieren. Die leuchtenden Farbpigmente des Ultramarinblau kamen diesem Himmelsblau am nächsten und faszinierten ihn. Doch es war schwierig, diese losen Farbpigmente auf eine Leinwand zu bekommen. Man musste sie mit einem Bindemittel mischen, damit sie an der Leinwand hielten – dabei verlor das Ultramarinblau allerdings seine Leuchtkraft. Lange suchte er nach einer Lösung.

Ein Besuch in Paris löste sein Problem. Gemeinsam mit Eduard Adam, dem Besitzer eines Ladens für Künstlerbedarf im Pariser Viertel Montmartre, entwickelte Yves Klein 1955 ein Bindemittel, dass die Leuchtkraft der ultramarinen Farbpartikel bewahrte. Am 19. Mai 1960 ließ er sich die Farbe als »International Klein Blue« (IKB) patentieren und schuf mit dieser Farbe weltbekannte monochrome Kunstwerke in Blau.

Den kleinen Laden in Montmartre gibt es noch heute. Eduard Adam ist mittlerweile gestorben und hat den Laden an seinen Neffen Fabien übergeben. Yves Klein sind im Internet-Auftritt des Geschäfts nur ein paar wenige Zeilen gewidmet. Eduard Adam hat schließlich mit vielen Großen der Kunstszene gearbeitet. Er hat die »Nana«-Figuren von Niki de St. Phalle, die Mobile von Alexander Calder und die

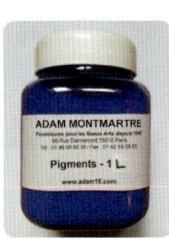

wilden Maschinen von Jean Tinguely so veredelt, dass ihnen Wind und Wetter Nichts anhaben können. Und so muss man schon eine Weile suchen, um das Bindemittel, dass die Werke von Yves Klein zu dem gemacht hat, was sie sind, auf der Homepage des Künstlerbedarfs oder in dem kleinen Laden an der Rue Damrémont, zu entdecken. »Mein Onkel war ein bisschen traurig, dass Yves Klein mehr oder weniger hinter seinem Rücken das IKB – das International Klein Blue – hat patentieren lassen«, sagt Neffe Fabien Adam. Deswegen heißt das Bindemittel heute nur schlicht »Adam 25«.

Sonnenauf- und Sonnenuntergang erscheinen rot oder orange. Hier wird der Lichtstrahl so stark gestreut, dass von allen Farben nur noch das Rot übrig bleibt. Alle übrigen Farben werden abgelenkt. Eine der bekanntesten Bauernregeln ist sicherlich »Morgenrot – Schlechtwetter droht«. Die stimmt zwar nicht immer, aber in unseren Breiten, in denen das Wetter oft von westlichen Winden geprägt wird, häufig. Denn ist der Sonnenaufgang rot, ist es ein Zeichen dafür, dass sich westlich von uns Wolken befinden, die vom roten Licht der Morgensonne angestrahlt werden und wie eine Leinwand wirken. Und diese Wolken kommen dann in vielen Fällen später zu uns.

UV-INDEX UND LICHTSCHUTZFAKTOR

Der Körper braucht Sonne. Durch die Sonnenstrahlen (genauer durch die UVB-Strahlen der Sonne) bildet er Vitamin D, und das ist prinzipiell gut.
Wie viel Vitamin D der Körper braucht, ist umstritten – dass er es braucht, nicht. Zu viel Sonne, darf es aber nicht sein, denn das macht vor allem die Haut krank. Wer in die Sonne geht, sollte sich daher entsprechend schützen. Sonst bekommt er einen Sonnenbrand, aus dem sich Hautkrebs entwickeln kann. Wie lange man sich in der Sonne aufhalten kann, ohne dass man einen Sonnenbrand bekommt, beschreibt der UV-Index. Der ist zunächst einmal nur eine Zahl und gibt die Intensität der Sonnenstrahlen an. Wie lange man tatsächlich in der Sonne bleiben darf, unterscheidet sich allerdings je nach Hauttyp. Wer ein heller Typ ist, kann sich beispielsweise schon bei UV-Index 3 bis 4 nach 15 Minuten einen Sonnenbrand holen. Der mittlere Typ ist nach 20 Mi-

nuten gefährdet, und der dunkle Typ kann 25 Minuten in der Sonne liegen, bis er einen Sonnenbrand bekommt. Das ist alles nicht so wirklich viel. Insofern sollte man sich immer eincremen und für ausreichenden Sonnenschutz sorgen. Einen Sonnenbrand kann man übrigens auch bekommen, wenn mal eine Wolke vor der Sonne ist. Gerade an sonnigen Tagen mit ein paar Wolken wird die UV-Belastung unterschätzt.

Ganz schön hell, so ein Sommertag
Ein sonniger Sommertag hat eine Lichtstärke von 100.000 Lux. An einem bedeckten Tag sind es nur noch 20.000 Lux. Aber auch das ist noch sehr viel – auch wenn man nicht den Eindruck hat. Zum Vergleich: In einem Wohnzimmer liegt die Helligkeit (je nach Lampe) um 50 Lux. Das Ende der »bürgerlichen Dämmerung«, die hellste der drei Dämmerungsphasen, bei der sich die Sonne nur knapp unterhalb des Horizonts befindet, hat 2 Lux. Eine Kerze in einem Meter Entfernung hat nur 1 Lux.

Helligkeit	
100.000 Lux	sonniger Sommertag
20.000 Lux	bedeckter Sommertag
600 Lux	Fernsehstudio
50 Lux	Wohnzimmer
2 Lux	Ende bürgerliche Dämmerung
1 Lux	Kerze einen Meter entfernt

D enn mit den Wolken steigt auch das Risiko für einen Sonnenbrand. Zum einen gehen die Sonnenstrahlen durch die Wolken durch, auch wenn man das nicht unbedingt sieht oder so empfindet. Auch

bei komplett bewölktem Himmel kann man durchaus einen Sonnenbrand bekommen, denn genau genommen hat eine Wolke auch nur einen Lichtschutzfaktor von 10. Außerdem reflektieren die kleinen Wassertröpfchen, aus denen eine Wolke besteht, die Sonne. Das heißt, wenn es nur ein paar Schönwetterwolken gibt, ist die Sonnenbrandgefahr sogar noch deutlich höher als ohne Wolken.

Ähnlich wie mit dem Schatten von Wolken, ist es übrigens auch mit dem Schatten von Bäumen. Auch so ein Baum hat – je nachdem was es für ein Baum ist – nur einen Lichtschutzfaktor zwischen 5 und 15. Ein ganz gewöhnlicher Sonnenschirm hat zwischen 5 und 10. Mittlerweile gibt es auch Sonnenschirme aus speziellen Stoffen, die so dicht gewebt sind, dass die Sonne kaum noch hindurch kommt oder in denen Titanoxid eingeschmolzen ist, das das Sonnenlicht reflektiert. Bei solchen Schirmen ist der Lichtschutzfaktor natürlich höher. Wie hoch der Lichtschutzfaktor von Stoffen ist, sieht man am besten an einem weißen T-Shirt. Ein T-Shirt aus diesem ganz speziellen Stoff hat einen Lichtschutzfaktor von 50, zum Teil sogar noch darüber. Ein ganz gewöhnliches weißes T-Shirt hat einen Lichtschutzfaktor von 10, und ein nasses weißes T-Shirt hat gerade mal noch einen Lichtschutzfaktor von 5. Wenn man beispielsweise Hauttyp 1 ist, beträgt die Eigenschutzzeit 10 min. Bei einer Sonnencreme mit Lichtschutzfaktor 15 (LSF 15) bedeutet das, dass man 15 Mal länger als die Eigenschutzzeit, also 15 x 10 Minuten = 150 Minuten, mithin 2,5 Stunden, vor einem Sonnenbrand geschützt ist.

EIN KALTER WINTER IN DANZIG – TEMPERATUR

Die Temperatur wird in Deutschland – wie in vielen anderen Ländern auch – in Grad Celsius (°C) gemessen. Benannt ist diese Maßeinheit nach Anders Celsius. Der schwedische Physiker wurde 1701 in Uppsala geboren. Sowohl sein Vater als auch seine beiden Großväter waren Professoren. Mit 29 Jahren wurde er selbst Professor für Astronomie, nahm später an einer Exkursion zur Vermessung der Erde teil und wurde 1740 Direktor der ersten Sternwarte Schwedens in Uppsala. 1742 definierte er die heute bekannte Temperaturskala und nannte sie »hundertteiliges Thermometer«. Die Einheit der Temperatur, die heute »Grad« genannt wird, nannte er damals entsprechend »Zentigrad«. Er legte fest, dass 0 Grad die Temperatur ist, bei der Wasser zu kochen beginnt. 100 Grad sollte die Temperatur sein, bei der Wasser gefriert. Erst später kehrte Carl von Linné die Skala um, und so ist es bis heute geblieben: 0 Grad Celsius ist die Temperatur, bei der Wasser gefriert, 100 Grad Celsius die, bei der Wasser kocht. 0,01 Grad Celsius ist übrigens die einzige Temperatur, bei der es Wasser in drei Aggregatszuständen gibt: fest als Eis, flüssig als Wasser und gasförmig als Dampf.

FROSTSPRENGUNG
Im Frühjahr sieht man in den Straßen oft Schlaglöcher. Verantwortlich dafür ist der Frost. Hat der Straßenbelag kleine Risse, dringt dort Wasser ein. Bei Frost friert das Wasser und dehnt sich um etwa 9 % aus. Dadurch sprengt der Frost den Belag auf, und Schlaglöcher sind die Folge.

Erst 1948 entschied die »9. Generalkonferenz für Maß und Gewicht« die Temperaturskala in Andenken an Anders Celsius in »Celsius-Skala« umzubenennen.

Bevor die Temperaturskala von Anders Celsius genutzt wurde, war Fahrenheit die allgemein gültige Maßeinheit der Temperatur. Heute wird Fahrenheit noch in den USA, in Belize, auf den Bahamas und den Cayman Islands genutzt. Auch die Fahrenheit-Skala wurde nach einem Wissenschaftler benannt. Daniel Gabriel Fahrenheit wurde am 24.5.1686 in Danzig geboren. Da seine Eltern früh starben, ging er bereits mit 16 Jahren nach Amsterdam und begann dort eine Kaufmannslehre. Nach Abschluss der Lehre reiste er durch Europa, tauschte sich mit Wissenschaftlern und Gelehrten

aus und kehrte 1717 in die Niederlande zurück. Er ließ sich in Amsterdam als Glasbläser nieder und baute und verbesserte Thermometer und Barometer. 1724 schlug er eine neue Temperaturskala vor, die später nach ihm benannt wurde. Um zu vermeiden, dass es einen Minuswert auf seiner Temperaturskala gibt, setzte er den niedrigsten Punkt – also die 0 Grad – auf die kälteste Temperatur, die er kannte. Das war der eisige Winter 1708/1709 in Danzig. Deswegen sind 0 Grad Fahrenheit ungefähr –18 Grad Celsius. Sein zweiter Fixpunkt war die Temperatur, bei der Wasser gefriert. Die 0 Grad der Skala von Anders Celsius waren damit 32 Grad Fahrenheit. 96 Grad Fahrenheit definierte er mit seiner Körpertemperatur. 96 Grad Fahrenheit entsprechen allerdings nicht der heute gängigen Normalkörpertemperatur von 37 Grad, sondern nur 35,55 Grad Celsius – vermutlich eine Messungenauigkeit.

Wer in den USA im Urlaub ist und Fahrenheit in Celsius umrechnen möchte, braucht eine etwas komplizierte Formel.

$$C = (F-32) \times 5/9$$

(C = Temperatur in Grad Celsius, F = Temperatur in Grad Fahrenheit)

Die mit 42,6 °C höchste jemals in Deutschland gemessene Temperatur stammt vom 25.07.2019 und wurde in Lingen erreicht, ist allerdings bei Experten umstritten (siehe Seite 124). Die wärmste Nachttemperatur in Deutschland wurde in der Nacht vom 12. auf den 13.06.2003 in Weinbiet in der Pfalz erreicht. Damals fielen die Werte im Laufe der Nacht nicht unter 27,6 °C. Die kälteste jemals in Deutschland gemessene Temperatur wurde in Wolznach-Hüll erreicht. Hier fiel die Temperatur am 12.02.1929 auf −37,8 °C. Das sind in der Antarktis Temperaturen an einem gewöhnlichen Sommertag.

Die höchste Temperatur, die jemals an einer offiziellen Wetterstation gemessen wurde, wurde im Death Valley, dem Tal des Todes, erreicht. Das Death Valley liegt ganz im Westen der USA, genauer gesagt in der Mojave-Wüste. Hier stieg, genau genommen an der früheren Greenland Ranch, die jetzt Furnace Creek heißt und 54,6 m unter dem Meeresspiegel liegt, die Temperatur am 10.07.1913, auf 134 Grad Fahrenheit. Das entspricht 56,7 Grad Celsius. Bei solchen Temperaturen kann man tatsächlich ein Ei auf dem Asphalt braten. 100 Grad Fahrenheit und mehr, also mindestens 38 Grad Celsius gab es im Jahr 2001 im Death Valley 154 Tage lang in Folge – das ist mal ein wirklich langer Sommer.

Auf Platz zwei der weltweiten Liste der höchsten Temperaturen folgt Kebili in Tunesien. Hier wurden am 07.07.1931 55 °C erreicht. Platz drei teilen sich Tirat Tsvi (heutiges Israel 21.07.1942), Mitribah (Kuwait 21.07.2016) und Turbat (Pakistan 28.05.2017) mit einem Höchstwert von 54 °C.

Die niedrigste jemals weltweit gemessene Temperatur liegt bei –89,2 °C und stammt vom 21.07.1983 von der Wostock-Station (einer internationalen Forschungsstation) in der Antarktis. Die liegt allerdings auch auf 3.240 Metern Höhe über dem Meeresspiegel und um diese Zeit herrschte dort naturgemäß Winter. Platz zwei hält die amerikanische Forschungsstation Amundsen-Scott, die in einer Höhe von 2.835 Metern auf dem Inlandeis von Antarktika liegt. Hier wurden am 03.06.1982 –82,8 °C gemessen. Den Rekord für die Nordhalbkugel beziehungsweise den für eine Station außerhalb der Antarktis halten zwei russische Orte: In Werchojanks (05. und 07.02.1892) und Oimjakon (06.02.1933) wurden –67,8 °C gemessen.

Minus 67,8 °C ist zwar ziemlich kalt, aber für Oimjakon nicht so ungewöhnlich, wie wenn es bei uns solch eine Temperatur geben würde. Denn ein ganz gewöhnlicher Wintertag in Oimjakon hat Höchstwerte von –40 °C. Diese Bedingungen sind natürlich für Mensch und Tier nicht ganz leicht. Aber trotz eisiger Temperaturen bleiben die Pferde das ganze Jahr über draußen. Allerdings sind sie auch immer in Bewegung. Ähnlich ist es mit den Motoren der Autos. Bei Temperaturen um –50 °C würden sie nicht mehr anspringen, nachdem sie einmal ausgemacht wären. Deswegen lassen die Bewohner die Motoren ihrer Autos einfach den ganzen Winter laufen, und zwar Tag und Nacht. Warum am kältesten Ort der Welt überhaupt rund 500 Menschen wohnen, hat einen einfachen Grund: Die Region ist reich an Bodenschätzen. Hier liegen neben Kohle und Gold auch 99 % der russischen Diamantvorkommen.

Die Legende sagt, dass die vielen Bodenschätze daher kämen, dass ein Engel mit einem Sack voller Schätze über Russland geflogen sei, als Gott die Erde schuf. Als er über Oimjakon flog, war es so kalt, dass seine Finger einfroren und ihm der Sack mit den Schätzen aus den Händen fiel.

WOLKENDECKE

Besonders kalt sind sternenklare Nächte – was einen ganz einfachen Grund hat. Die Sonne erhitzt die Erde und heizt dadurch die Luft auf. Allerdings gibt die Erde auch Wärmestrahlung ab. Wie warm es auf der Erde ist, hängt von der Frage ab, ob die Erde mehr Energie abgibt oder mehr Energie bekommt. Tagsüber heizt die Sonne die Erde auf.

Das heißt, dass hier mehr Energie die Erde erreicht, als sie abgibt, und folglich heizt sich die Erde auf. Nachts, wenn die Sonne untergegangen ist, gibt die Erde mehr Energie und damit auch mehr Wärmestrahlung ab. Sind Wolken

vorhanden, reflektieren diese die Wärmestrahlung, und die Wärme bleibt in tieferen Schichten. Wolken haben also durchaus ihr Gutes: Sie halten warm und können so im wahrsten Sinne des Wortes eine »Wolkendecke« sein.

Besonders kalt sind übrigens nicht nur sternenklare Nächte, sondern auch solche in Hochtälern. Denn kalte Luft ist ja schwerer als warme Luft und kullert daher ins Tal – im Gegensatz dazu steigt die leichtere warme Luft auf. So sammelt sich die eisige Luft der umgebenden Berge in den Hochtälern, in denen es dann oft etwas kühler ist als an den Bergen ringsherum.

Wann genau die tiefsten und wann die höchsten Temperaturen des Tages erreicht werden, hängt von der Jahreszeit, der Bewölkung und der Bewegung in der Atmosphäre ab. Liegt zunächst eine kühle Luftmasse über Deutschland und kommt im Laufe des Tages eine wärmere z. B. aus Süden an, werden die höchsten Temperaturen im Laufe des Nachmittages, manchmal auch erst am Abend, erreicht. Liegt eine milde Luftmasse über Deutschland und erreicht uns kalte Luft, können die Höchstwerte auch schon am Vormittag erreicht werden.

Bleibt die Luftmasse gleich, entscheiden Sonnenstand und Bewölkung. Sind Vormittag und Mittag sonnig und bildet sich dann eine geschlossene Wolkendecke, sinken die Temperaturen entsprechend oder steigen zumindest nicht mehr, und die Höchstwerte werden schon am frühen Nachmittag erreicht. Bleiben nicht nur die Luftmasse, sondern auch die Bewölkung gleich, entscheidet der Sonnenstand über den Zeitpunkt der Höchstwerte.

In diesem Fall werden die Höchsttemperaturen nachmittags erreicht. Im Winter meist zwischen 14 und 16 Uhr, im Sommer meist zwischen 16 und 18 Uhr. Die tiefsten Temperaturen werden bei oder kurz nach Sonnenaufgang erreicht.

Was passiert bei welcher Temperatur? Die Lufttemperatur ist für die Aktivität vieler Tiere und Pflanzen entscheidend. Damit Hummeln fliegen, braucht es mindestens eine Lufttemperatur von 2 °C, Bienen fliegen dagegen erst bei 8 °C. Kröten wandern schon bei 5 Grad, während sich Regenwürmer erst bei Bodentemperaturen zwischen 10 und 15 °C in Bewegung setzen. Rasen wächst bei 10–18 °C.

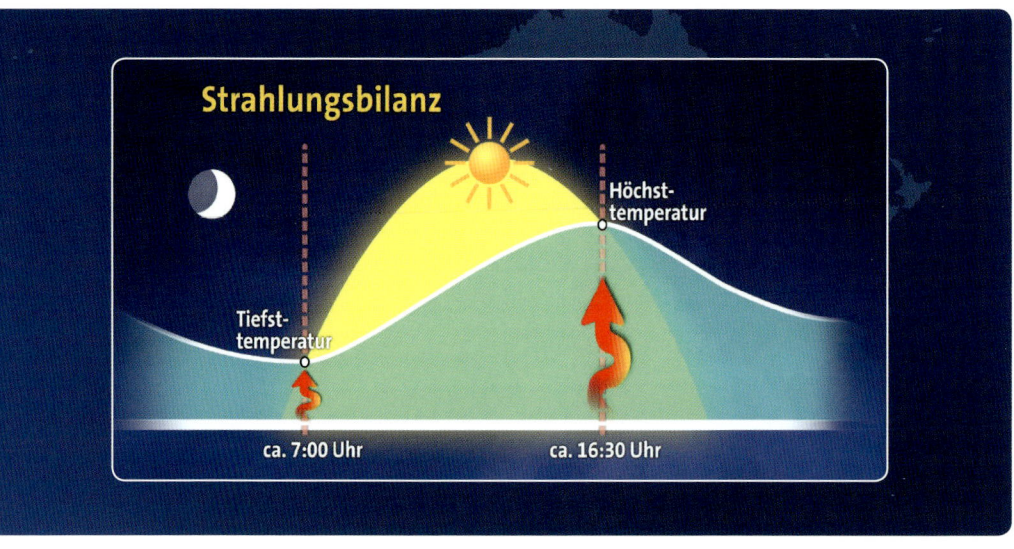

STÜRMISCHE ZEITEN – WIND

Grundsätzlich ist Wind der Druckausgleich zwischen einem Hoch- und einem Tiefdruckgebiet, der durch die Erddrehung und die dadurch entstehende Corioliskraft abgelenkt wird – auf der Nordhalbkugel nach rechts, auf der Südhalbkugel nach links. Wind weht daher nicht vom Hoch zum Tief, sondern parallel zu den Isobaren – zumindest in der Höhe. Wegen der Corioliskraft bzw. der Erddrehung drehen sich auf der Nordhalbkugel Hochdruckgebiete im und Tiefdruckgebiete gegen den Uhrzeigersinn.

In Bodennähe ändert sich die Windrichtung etwas. Dort wird der Wind von der Reibung der Erdoberfläche abgelenkt. Er weht dann nicht mehr parallel zu den Isobaren, sondern etwas schräg zu ihnen, und zwar so, dass die Luft vom Hoch zum Tief strömt.

Windgeschwindigkeiten werden heute weltweit in »Beaufort« (kurz »Bft«) angegeben. Den Namen hat diese Maßeinheit vom englischen Admiral Sir Francis Beaufort (07.05.1774–17.12.1857), einem Hydrografen der britischen Marine. Mit seinem Schiff HMS Woolwich erkundete er die Weltmeere und vermaß Küstengebiete. Er war nicht der erste, der eine Windtabelle nutze, aber derjenige, der dafür sorgte, dass der Wind heute weltweit so kategorisiert wird.

Bereits im 18. Jahrhundert hatte John Smeaton, ein britischer Ingenieur, eine Windtabelle angelegt. Er wollte dadurch die Kraft der Windmühlen verbessern. Die Tabelle erregte das Interesse von Alexander Dalrymple, einem schottischen Geografen und Hydrografen. Er arbeitete ebenfalls an einer Windtabelle und dachte, man könne die Handelsrouten verbessern, wenn alle Schiffe über die Windgeschwindigkeiten und Wetterscheinungen auf ihrer Route Buch führen würden.

Der Legende nach soll Sir Francis Beaufort, der die Windtabelle von Alexander Dalrymple kannte, am 13.01.1806 erstmals eine Windtabelle in sein Bordbuch gezeichnet haben. Sie hatte damals noch 14 Stufen, begann bei 0 für »windstill« und endete bei 13 mit »Orkan«. Dazu schrieb er die Wetterzustände – »b« stand für »blue sky« (blauer Himmel), »l« für lightning (Blitz) und »hr« für »hard rain« (starker Regen). Über seine erste Tabelle schrieb er: »Fortan werde ich die Stärke des Windes gemäß folgender Skala schätzen, denn nichts vermittelt eine unklarere Vorstellung von Wind und Wetter als die alten Ausdrücke mäßig und bewölkt.« Und das tat er dann auch. Als er 1807 ein neues Logbuch begann, übertrug er auf die erste Seite seine Windtabelle, verkürzte sie aber auf die 13 Stufen, die wir heute noch kennen. Er ergänzte seine Skala durch eine Beschreibung der gesetzten Segel bei der jeweiligen Windstärke und welche Geschwindigkeit ein Segelschiff dann erreichen kann. Dazugekommen sind heute weitere Beispiele für die Auswirkungen des Windes im Binnenland.

BEAUFORT STÄRKE	BEZEICHNUNG	KM/H	AUSWIRKUNGEN DES WINDES IM BINNENLAND
0	Windstille	<1	Rauch steigt senkrecht auf
1	leiser Zug	1–5	Windrichtung angezeigt durch den Zug des Rauches
2	leichte Brise	6–11	Wind im Gesicht spürbar, Blätter und Windfahnen bewegen sich
3	schwacher Wind	12–19	Wind bewegt dünne Zweige
4	mäßiger Wind	20–28	Wind bewegt Zweige und dünnere Äste
5	frischer Wind	29–38	kleine Laubbäume beginnen zu schwanken, Schaumkronen bilden sich auf Seen
6	starker Wind	39–49	starke Äste schwanken, Regenschirme sind nur schwer zu halten
7	steifer Wind	50–61	fühlbare Hemmungen beim Gehen gegen den Wind, ganze Bäume bewegen sich
8	stürmischer Wind	62–74	Zweige brechen von Bäumen, erschwert erheblich das Gehen im Freien
9	Sturm	75–88	Äste brechen von Bäumen, kleinere Schäden an Häusern (Dachziegel abgehoben)
10	schwerer Sturm	89–102	Wind bricht Bäume, größere Schäden an Häusern
11	orkanartiger Sturm	103–117	Wind entwurzelt Bäume, verbreitet Sturmschäden
12	Orkan	>118	schwere Verwüstungen

Windsack

| Windstärke 3 bis 20 km/h | Windstärke 5 bis 40 km/h | Windstärke >5 über 40 km/h |

Seitenwind ist beim Autofahren gefährlich. Weil er besonders häufig auf Brücken vorkommt, gibt es auf deutschen Brücken meist einen Windsack, der anzeigt, wie stark der Wind weht und aus welcher Richtung er kommt. Wird der Windsack so stark aufgeblasen, dass zwei Streifen senkrecht stehen und die anderen drei herabhängen, liegt die Windgeschwindigkeit bei rund 20 km/h. Bei vier

Streifen senkrecht sind es 40 km/h, und wenn der Windsack komplett senkrecht steht, weht der Wind mit über 40 km/h.

DER DÜSENEFFEKT

Muss der Wind durch ein »Nadelöhr«, also eine Stelle, die besonders schmal ist, entsteht ein sogenannter »Düseneffekt«, der die Luftbewegung beschleunigt. Das passiert im Kleinen, aber auch im ganz Großen.

In der Stadt spürt man den Düseneffekt, wenn man zwischen einer Reihe von Hochhäusern entlangläuft, da der Luftstrom zwischen den Hochhäusern verengt und dadurch beschleunigt wird. Während im übrigen Teil der Stadt vielleicht nur ein leichter Wind weht, kann es zwischen den Hochhäusern dadurch mitunter stürmisch werden. Experten nennen das Phänomen »Urban Breeze«. Einen solchen Düseneffekt gibt es aber auch im ganz Großen. Beispielsweise macht er sich auch in Tarifa, einer kleine Stadt am südlichsten Zipfel Spaniens, also der schmalsten Stelle zwischen Europa und Afrika, bemerkbar. Weil es dort an über 300 Tagen im Jahr kräftigen Wind gibt, ist Tarifa ein Eldorado für Surfer.

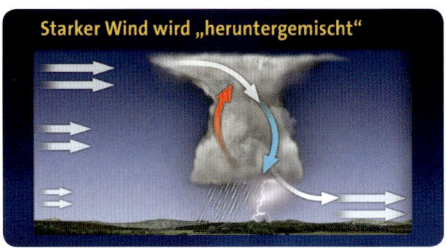

Starker Wind wird „heruntergemischt"

100 km/h und richten häufig schwere Schäden an.

WINDCHILL-EFFEKT

Temperaturen fühlen sich nicht immer gleich an: Manchmal empfindet man 15 °C als angenehm, manchmal als kalt. Das liegt nicht nur an den persönlichen Empfindlichkeiten, sondern auch an anderen Wetterfaktoren. Ein starker Wind kann beispielsweise dazu führen, dass es sich kälter anfühlt, als es tatsächlich ist. Schuld daran ist ein dünnes Wärmepolster, das sich durch die abstrahlende Körperwärme um uns herum bildet. Weht der Wind nun kräftig, wird das Wärmepolster weggeweht, und wir fühlen die kalte Luft direkt auf der Haut.

Drachensteigen lassen ist ein Hobby für die ganze Familie. Aber nicht jede Windgeschwindigkeit ist für jeden Drachen und jeden Drachenfan geeignet.
Ultraleichtdrachen fliegen bereits ab Windgeschwindigkeiten von 6 km/h. Geschwindigkeiten von 12 km/h sind gut für Einsteiger mit einem einfachen Drachen geeignet, ab 38 km/h wird es für Kinder langsam kritisch, bei mehr als 50 km/h sollten nur noch Drachenprofis mit ganz speziellen Drachen fliegen. Bei mehr als 75 km/h ist kein Drachenflug mehr möglich.

DOWNBURST

Durch die Reibung wird der Wind am Boden abgeschwächt und ist für gewöhnlich deutlich geringer als in der Höhe. Bei starken Gewittern kann es durch eine starke vertikale Durchmischung der Luftschichten allerdings dazu kommen, dass der stärkere Wind aus höheren Luftschichten kurzfristig auf kleinem Raum in flachere Schichten gemischt wird. Meteorologen nennen das »Downburst« (Fallböe). Solche Fallböen haben oft Geschwindigkeiten von weit über

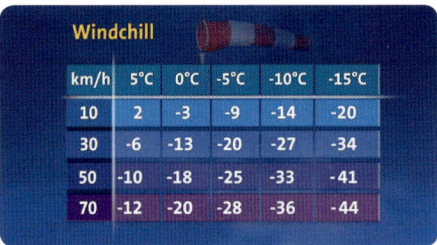

km/h	5°C	0°C	-5°C	-10°C	-15°C
10	2	-3	-9	-14	-20
30	-6	-13	-20	-27	-34
50	-10	-18	-25	-33	-41
70	-12	-20	-28	-36	-44

Windchill

Vor allem im Winter bei Minusgraden und hohen Windgeschwindigkeiten ist der Unterschied zwischen den Temperaturen mit und ohne Wind beträchtlich.

Dabei ist es übrigens nicht entscheidend, ob man auf der Stelle steht und

der Wind kräftig weht oder man sich schnell bewegt, zum Beispiel beim Skifahren. Entscheidend ist nur, dass durch den Wind das Wärmepolster nicht mehr vorhanden ist. Fährt ein Skifahrer beispielsweise bei einer Temperatur von −5 °C mit einer Geschwindigkeit von 50 km/h den Berg runter, fühlt sich das im Gesicht an wie −15 °C, und es können schon die ersten Erfrierungen auftreten.

Die Berechnungsformel des Windchill-Effekts ist ziemlich kompliziert und in den vergangenen Jahren mehrfach angepasst worden. Seit dem 01.11.2001 gilt folgende Formel:

$$Twc = 13{,}12 + 0{,}6215 \times T - 11.37 \times Vw0.16 + 0.3965 \times T \times Vw0.16$$

Twc = Windchill-Temperatur (in °C)
T = tatsächliche Temperatur (in °C)
Vw = Windgeschwindigkeit in km/h

Durch bestimmte immer wiederkehrende Druckgebilde rund um den Globus entstehen globale und lokale Windsysteme. Sie sorgen für Luft- und Schadstoffaustausch und bringen so zum Beispiel auch Saharasand nach Deutschland.

Eines der globalen Windsysteme ist der Passat. Er ist eigentlich ein trockener Wind, der das ganze Jahr vom subtropischen Hochdruckgürtel zur äquatorialen Tiefdruckrinne weht und nur vereinzelt Schauer bringt. Auf der Westseite der Ozeane staut sich der Wind allerdings an den Gebirgen in der Nähe der innertropischen Konvergenzzone, und die Luftmasse muss aufsteigen. Dort bilden sich mächtige Schauerwolken und sorgen für ergiebige Regenmengen.

Föhn, Bora und Mistral gehören zu den lokalen, immer wiederkehrenden Fallwinden. Muss eine Luftmasse über einen Berg, ändert sich häufig Ihre Temperatur – mal ist die Luft nach ihrem Weg deutlich kühler als ihre Umgebung, mal deutlich wärmer. Das Phänomen ist aber immer das gleiche: die Luft trifft auf einen Berg, steigt dort auf, regnet sich ab und kühlt sich dabei um etwa 0,7 °C pro 100 Meter ab. Die Luft steigt bis zum Bergkamm auf und fällt auf der anderen Seite wieder hinunter. Da die Luft jetzt eine geringere Feuchtigkeit besitzt, sinkt sie mit einer Erwärmung von etwa 1 °C pro 100 Meter. Je nachdem auf welcher Höhe die Luft auf der einen Seite angekommen ist und je nachdem auf welcher Höhe sie auf der anderen Seite abfließt, ist sie wärmer oder kälter als zuvor.

Ein Rechenbeispiel: Luft kommt aus Italien und strömt über die Alpen. In Italien hat die Luft auf 367 m eine Temperatur von 10 °C. Bei Ihrem Weg über die Alpen steigt sie auf rund 3.800 m und kühlt dabei um 0,7 °C je 100 Meter ab. Bei einem Höhenunterschied von 3.100 Metern also um rund 22 °C (31 x 0,7 °C). Auf dem Jungfraujoch hat die Luftmasse eine Temperatur von −12 °C. Nun fällt sie auf der anderen Seite herunter und erwärmt sich dabei pro 100 Meter um 1 °C. St. Gallen liegt auf etwa 400 m, das heißt die Luft fällt 3.100 m und erwärmt sich dabei um 31 °C (31 x 1 °C). Hatte sie auf dem Jungfraujoch eine Temperatur −12 °C, hat sie nun eine Temperatur von 19 °C. Im Vergleich zu Italien ist die Luftmasse jetzt also knappe 9 °C wärmer.

Das Wort Föhn kommt vom lateinischen »favonius« was so viel heißt wie »ein lauer Westwind«. Der Föhn zum Haare trocknen hat seinem Namen vom Wind

Föhn

Jungfraujoch (3466 m)
-12°C

-0,7°C
pro 100 m

+1°C
pro 100 m

ALPEN

+10°C
Locarno Monti 367 m

+19°C
Flughafen St.Gallen-Altenrhein 398 m

und ist eine »eingetragene Wort-/Bild-marke« der AEG, die das Gerät FOEN/FÖN nach dem Wind nannten. Der Produkt-name wurde schon bald zum Synonym für Haartrockner und so unterschied man früher zwischen dem Foen oder auch Fön für die Haare und dem Wind Föhn. Nach der Rechtschreibreform hei-ßen nun sowohl das Synonym für Haar-trockner als auch der Wind Föhn (mit h). Der Föhn von AEG heißt allerdings als Marke immer noch Fön.

Fallwinde gibt es in verschiedenen Re-gionen der Welt. Sie heißen dann je nach Ort, an dem sie entstehen, Föhn (Deutschland), Bora (Adria) oder Mistral (Rhonetal).

Wer am Meer lebt oder dort schon mal Urlaub gemacht hat, kennt den leichten Wind, der tagsüber oft vom Meer zum Land weht – ganz unabhängig davon, wie der Wind sonst gerade steht. Abends und nachts weht der Wind dann genau in die andere Richtung – vom Land zum Meer. Das Phänomen entsteht durch die un-terschiedlich schnelle Erwärmung von Land und Wasser. Land erwärmt sich schneller als Wasser. Warme Luft über Land steigt auf und zieht Luft vom Meer nach, folglich weht am Tag immer eine leichter Wind vom Meer zum Land. An-ders herum ist es in der Nacht: Luft über Wasser kühlt langsamer ab als Luft über Land. Nun steigt die etwas wärmere Luft über dem Wasser auf und zieht Luft vom

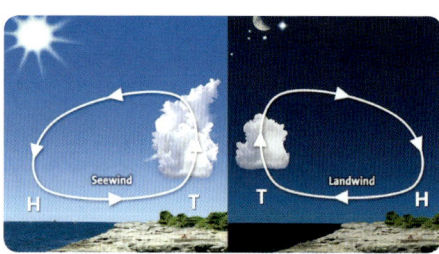

Land nach, folglich weht in der Nacht der Wind vom Land zum Meer.

Es gibt allerdings auch einen Bereich auf der Erde, in dem so gut wie gar kein Wind weht. Die »Rossbreiten« sind eine ziemlich windstille Zone im subtropischen Hochdruckgürtel zwischen 25 und 35 Grad nördlicher bzw. südlicher Breite. An dieser Stelle lagen die Segelschiffe früher aufgrund von Flaute oft wochenlang fest. Oftmals sind durch diese ungeplante Verzögerung die an Bord anwesenden Pferde gestorben. Daher bekam die häufig fast windstille Zone den Namen Rossbreite.

SCHNELL WIE DER BLITZ – WETTERPHÄNOMENE

Gewitter nennt man auch die »Vagabunden des Wetters« – denn sie lassen sich selbst mit neuester Computertechnik nicht genau vorhersagen. Auch wie sie genau entstehen, ist bis heute noch nicht restlos geklärt. Was vermutlich auch daran liegt, dass Gewitter gefährlich sind und man ihnen deshalb nicht so einfach nahekommen kann. Durchschnittlich werden in Deutschland ungefähr 130 Menschen pro Jahr vom Blitz getroffen, etwa 3 bis 4 Menschen pro Jahr sterben an den Folgen.

Blitze entstehen – soweit sind sich die Experten einig –, wenn feuchtwarme Luft schnell aufsteigt und sich dabei abkühlt (zum Beispiel an einem heißen, schwülen Sommertag) oder wenn feuchtwarme auf kalte Luft trifft (zum Beispiel bei einer Kaltfront, siehe Seite 29). Dabei bilden sich in der Wolke Wassertropfen, Hagelkörner und kleine Eisteilchen, die innerhalb der Gewitterwolke immer wieder auf- und absteigen und dabei aneinanderstoßen. Bei diesem Aufeinandertreffen gehen Elektronen von den Eiskristallen auf die Hagelkörner über, und es stellt sich im oberen Teil der Wolke (die hierzulande bis auf 10 km Höhe reichen kann) ein positiver und im unteren Teil ein negativer Ladungsüberschuss ein.

Durch eine elektrische Fernwirkung, die sogenannte »Influenz«, sammelt sich nun positive Ladung am Erdboden. Daraus ergibt sich ein Spannungsfeld zwischen dem unteren Teil der Wolke und dem Erdboden. Ist dieses zu groß, wird die Luft in einem ersten Schritt durch sogenannte »Runaway-Elektronen« ionisiert und dadurch in einer Art Blitzkanal leitfähig gemacht. Durch diesen Blitzkanal findet danach die Hauptentladung statt.

FULGURIT

Wie breit ein Blitz tatsächlich ist, wenn er im Boden einschlägt, lässt sich aus der Ferne schwer einschätzen. Genau sagen kann man es allerdings, wenn ein Blitz in Sandboden einschlägt. Dann nämlich sorgt seine Temperatur von bis zu 30.000 °C dafür, dass der Quarz entlang der Einschlagbahn schmilzt und kurz darauf zu Glas erstarrt. So verglasen die Wände der Einschlagsbahn, und es bildet sich eine Röhre. Solche Blitzröhren heißen »Fulgurit«, sind oft mehrere Meter lang und verzweigen sich am Ende. Eine der weltweit größten Blitzröhren befindet sich im Naturkundehaus des Lippischen Landesmuseums in Detmold und ist 5,40 m lang. Das Wort »Fulgurit« kommt vom lateinischen Wort »fulgur« für Blitz. Fulgurite findet man besonders häufig in den Wüsten im Norden Afrikas.

Hierbei werden Stromstärken von 20.000 bis 60.000 Ampere erreicht. Die Ladung eines Blitzes verteilt sich am Erdboden kegelartig. Bei starken Gewittern wurden bereits elektrische Feldstärken von über 200.000 Volt pro Meter gemessen und Temperaturen von bis zu 30.000 °C. Und das alles, obwohl ein Blitz gerade einmal einen Durchmesser von einem bis drei Zentimetern hat.

Durch die hohen Temperaturen erhitzt sich die Luft in der Nähe des Blitzes geradezu explosionsartig. Eine Druckwelle entsteht – das ist der Donner, den man hört.

GEWITTER-ASTHMA

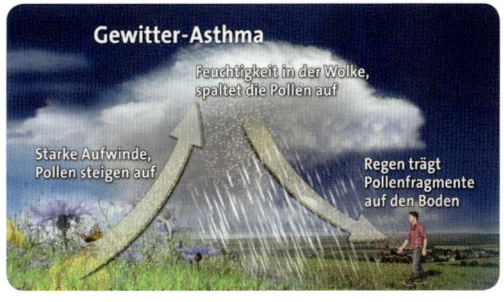

Gewitter-Asthma

Feuchtigkeit in der Wolke, spaltet die Pollen auf

Starke Aufwinde, Pollen steigen auf

Regen trägt Pollenfragmente auf den Boden

Ein kräftiger Regen reinigt die Luft. Das gilt auch für die Pollen von Bäumen und Gräsern, die vom Regen aus der Luft »gewaschen« werden. Der Effekt setzt aber erst nach rund einer halben Stunde ein. In den ersten Minuten ist die Konzentration der Pollen in der Luft deutlich erhöht – vor allem bei Gewittern. Dann nämlich werden die Pollen durch die starken Aufwinde geradezu angesaugt, in höhere Luftschichten transportiert, dort von der Feuchtigkeit in der Wolke gespalten und anschließend in Fragmenten durch den Regen wieder zur Erde zurück transportiert. So steigt nicht nur kurzfristig die Konzentration der Pollen in der Luft, sondern sie haben auch eine andere Struktur. Beides kann bei Allergikern zu asthmatischen Anfällen führen, weswegen das Krankheitsbild »Gewitterasthma« genannt wird.

Richtig starke Gewitter gibt es vor allem im Sommer. 90 % der Gewitter finden in Deutschland zwischen Juni und August statt. Denn die Sonne ist der Motor der Gewitter, und die steht im Sommer naturgemäß am höchsten über der Erde und scheint daher besonders stark. Landesweit werden in den Sommermonaten insgesamt durchschnittlich zwischen 700.000 und 1 Million Blitze pro Monat gezählt. Über das ganze Jahr gesehen, sind es etwa 2 bis 3 Millionen Blitze.

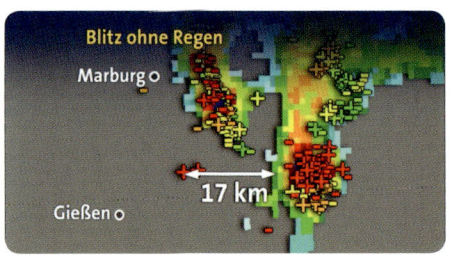

Die meisten Blitze gibt es auf der Erde in der Nähe des Äquators – genauer gesagt in der innertropischen Konvergenzzone (ITC, Inter Tropic Convergence). Die innertropische Konvergenzzone ist eine Tiefdruckzone, die sich rund um den Erdball erstreckt und in der Passatwinde aus Nordosten und Südosten zusammenströmen (Konvergenz = Zusammenströmen). Die feuchtheiße Luft steigt dabei auf, und es bilden sich Gewitter. 70 % aller Gewitter weltweit entstehen in der innertropischen Konvergenzzone. Die Gewitterwolken erreichen hier eine Höhe von 18 Kilometern. Dort entladen sich auch die meisten Blitze, nur verhältnismäßig wenige erreichen den Boden.

Die Möglichkeit, dass ein Blitz sprichwörtlich »aus heiterem Himmel einschlägt«, gibt es tatsächlich. Zwischen einer Wolke, aus der ein Blitz kommt, und dem Ort, an dem er einschlägt, können durchaus schon mal 20 Kilometer liegen. Gewitter sind eine sehr kleinräumlich begrenzte Erscheinung. An einem Ort gibt es heftige Gewitter und kräftige Regenfälle, ein paar Kilometer weiter scheint die Sonne. Der Blitz kann aber auch im sonnigen Teil einschlagen. Denn Blitze schlagen nicht immer direkt unter der Wolke ein, sondern suchen sich den für sie einfachsten Weg und der kann durchaus auch schräg sein.

Das sicherste bei Gewittern ist es auf jeden Fall, in ein gemauertes Haus zu gehen. Eine Holzhütte bietet hier keinen Schutz. Ein Auto geht aber auch – das ist der berühmte faradaysche Käfig. In diesem ist man sicher, wenn man nicht gerade bei offenem Fenster die Hand hinausstreckt.

Benannt ist der faradaysche Käfig nach Michael Faraday (1791–1867), einem britischen Naturforscher und Experimentalphysiker. Er entdeckte die Kohlenstoffe Benzol und Buten, formulierte die Grundgesetze der Elektrolyse und erkannte 1836 auch, dass zur elektromagnetischen Abschirmung eines Raumes ein Gitter aus Metallstäben oder -drähten genügt. Umschließt ein Metallgitter einen Raum vollständig, bleibt dieser entweder frei von elektromagnetischen Feldern oder diese elektromagnetischen Felder bleiben exakt in ihm. Sollte ein Blitz in ein Auto einschlagen, wird die Blitzspannung an der Karosserie des Autos abgeleitet. Dadurch ist man bei einem Gewitter in einem Auto geschützt.

Wenn kein Haus in der Nähe ist und auch kein Auto, sollte man dafür sorgen, dass man selbst nicht der höchste Punkt ist und möglichst wenig Bodenkontakt hat. Also beispielsweise eine Senke suchen, sich dort aber nicht hinlegen, sondern hinhocken und mit den Armen die Knie umfassen. Die Füße sollten dabei nicht direkt nebeneinander stehen, aber auch nicht zu weit auseinander. Denn auch der Strom, der sich bei einem Blitzeinschlag im Erdboden verteilt, kann gefährlich werden. Stehen die Füße zu weit auseinander, entsteht die sogenannte »Schrittspannung«. Je größer der Abstand zwischen den Füßen, desto größer die Schrittspannung, desto gefährlicher

ist es. Die weit auseinanderstehenden Hufe wurden schon einigen Weidetieren zum Verhängnis.

Von Hauswänden und Bäumen sollte man auf jeden Fall Abstand halten. Die sind nämlich mitunter der höchste Punkt und wenn dort der Blitz einschlägt, trifft er einen eben auch, wenn man darunter steht. Dabei ist es übrigens entgegen weit verbreitetem Irrglauben völlig egal, um welche Sorte Baum es sich handelt. Das Sprichwort »Buchen sollst Du suchen, Eichen sollst Du weichen!« ist deshalb völliger Blödsinn – unter einer Buche kann man ebenso vom Blitz erschlagen werden wie unter jedem anderen Baum. Die Redensart ist höchstwahrscheinlich dadurch entstanden, dass man den Blitzschaden an einer Buche weniger sieht. Wenn ein Blitz in die dicke, vermooste Borke einer Eiche einschlägt, sieht man das deutlich. Die Rinde der Buche ist dagegen glatt und leitet den Blitz direkt in den Boden, ohne dass ein sichtbarer Schaden entsteht. Deswegen dachte man wohl, dass man unter Buchen vor Blitzen geschützt ist.

BLITZABLEITER

Im Juni 1752 erfand Benjamin Franklin, der amerikanische Naturwissenschaftler, Erfinder und Staatsmann, den Blitzableiter. Die Legende besagt, er habe damals während eines Gewitters einen Drachen steigen lassen, an dessen Schnurende ein metallener Schlüssel hing. Die elektrische Ladung des Blitzes wurde vom Drachen aufgenommen, durch die Schnur nach unten abgeleitet, und am Schlüssel bildeten sich Funken. Franklin folgerte daraus, dass man Blitze an Häusern ableiten könne, wenn man neben dem Haus eine Metallstange errichtete, die man mit dem Boden verband. Ob es sich damals tatsächlich genau so zugetragen hat, ist eher unwahrscheinlich. Die entstandene Idee war aber richtig.

Allerdings trug die Vorstellung, sich mit Metalldraht vor Blitzen schützen zu können, vor knapp 250 Jahren seltsame Blüten. In einem vierbändigen Werk über den Stand der Wissenschaft Ende des 18. Jahrhunderts finden sich die auf der vorigen Seite abgebildeten Zeichnungen mit Ideen aus dem Jahr 1776: ein mobiler Blitzableiter am Regenschirm oder am Hut. Es gibt keine Überlieferungen, ob er jemals ausprobiert wurde – es wäre aber mit Sicherheit nicht gut gegangen.

GEWITTERENTFERNUNG

Wie weit ein Gewitter entfernt ist, kann man daran erkennen, wie viel Zeit zwischen Blitz und Donner vergeht. Das Licht ist nämlich schneller als der Schall. Jede Sekunde zwischen Blitz und Donner entsprechen etwa 300 Meter Entfernung. Bei 10 Sekunden zwischen Blitz und Donner ist das Gewitter also rund 3 Kilometer entfernt. Liegen zwischen Blitz und Donner weniger als 6 Sekunden, sollte man sich auf jeden Fall in Sicherheit bringen.

Manche Gewitter sind so weit entfernt, dass man den Donner nicht hört, aber das Licht des Blitzes durch die Wolken reflektiert wird. Dann ist das Gewitter mehr als 20 Kilometer entfernt. Auch hinter Deichen an der Küste sieht man das Licht der Blitze manchmal nur ganz entfernt weit draußen auf dem Meer. Dort wird das Phänomen liebevoll damit beschrieben, dass »der Deichgraf über den Deich reitet«, um die Bewohner vor Unheil zu schützen. Meteorologen nennen das Phänomen »Wetterleuchten«.

Besonders häufig kommen Gewitter vor allem im Süden Deutschlands vor. Hier sieht man die Gewitterverteilung 2018. In den blauen und dunkelgrünen Bereichen, also im Grunde genommen fast im ganzen Norden Deutschlands, gab es durchschnittlich zwischen 1 und 1,5 Blitze pro Quadratkilometer pro Jahr.

In den gelben Bereichen waren es gut 2,5 Blitze pro Quadratkilometer und in den orangenen Bereichen 3 Blitze. Am häufigsten hat es im Bereich rund um Garmisch-Partenkirchen mit durchschnittlich 4 Blitzen pro Quadratkilometer geblitzt.

REGENBOGEN

Regenbogen haben in Mythen und Religionen vieler Kulturen schon immer auf allen Kontinenten eine besondere Rolle gespielt. Nach der irischen Mythologie ist am Ende des Regenbogens ein Goldschatz vergraben. Für die Germanen war der Regenbogen die Brücke zwischen der Welt der Menschen und dem Sitz der Götter, und Christen sehen in ihm ein Symbol Gottes ein Zeichen für die Verbundenheit zwischen Himmel und Erde.

Letzteres entstammt der Geschichte der Sintflut, der großen Flut, in der sich Noah mit seinen Tieren in die Arche rettete. Gott, so sagt es die Bibel, hatte Noah versprochen, dass es nie wieder eine Sintflut geben werde. Als sichtbares Zeichen dafür erschuf er den Regenbogen. Im Buch Genesis heißt es wörtlich: »Meinen Bogen setze ich in die Wolken; er soll das Bundeszeichen sein zwischen mir und der Erde. Balle ich Wolken über der Erde zusammen und erscheint der Bogen in den Wolken, dann gedenke ich des Bundes, der besteht zwischen mir und euch und allen Lebewesen.«

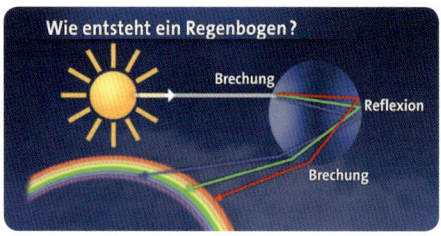

Meteorologisch gesehen ist der Regenbogen ein atmosphärisch-optisches Phänomen. Er entsteht, wenn eine Regenwolke von Sonne bestrahlt wird und sich das Sonnenlicht dadurch an den Wasserteilchen in alle Spektralfarben bricht. Je größer die Tropfen sind, desto stärker sind die Farben.

Da man die Regentropfen nicht einzeln ausmachen kann, sieht es aus wie ein Band. Das ist rund, weil die Sonne rund ist. In Wirklichkeit ist ein Regenbogen auch nicht nur ein halber Bogen, sondern ein kompletter Kreis, den man

allerdings wegen des Horizontes nur zur Hälfte sieht. Würde man sich den Mittelpunkt des Kreises denken, den der Regenbogen bildet, ist das genau der Punkt, der gegenüber der Sonne liegt.

HALO-ERSCHEINUNGEN

»Halo« nennt man es, wenn sich ein Ring mit einem Radius von 22 oder 46 Grad rund um Sonne oder Mond bildet. Halo-erscheinungen sind im Gegensatz zu Regenbogen nicht eine Lichtbrechung an Wassertropfen, sondern eine Lichtbrechung an Eiskristallen in der oberen Atmosphäre. Sie ist häufig ein Vorbote für regnerisches Wetter.

Nach einem ganz ähnlichen Prinzip wie ein »Halo« bildet sich ein »Hof« um die Sonne oder dem Mond. Ein »Hof« entsteht, wenn sich das Sonnenlicht nicht an einer dicken Wolke, sondern an Wassertropfen bricht, die in der Atmosphäre schweben – besonders stark ist dieses Phänomen ausgeprägt, wenn Schichtwolken in der Nähe sind. Deswegen ist ein »Hof« um die Sonne oder den Mond häufig auch ein Vorbote für wolkenreiches Wetter.

TAGESSCHAU-THEMA DES TAGES – POLARLICHTER

A uf der Nordhalbkugel nennt man Polarlichter »Aurora Borealis«, auf der Südhalbkugel »Aurora Australis«. Sie entstehen durch geladene Teilchen, die von der Sonne in Richtung Erde geschleudert werden, dem sogenannten Sonnenwind. Es handelt sich um freie Elektronen und Wasserstoffkerne (Plasma). Normalerweise erreicht dieser Teilchenstrom bei einer Geschwindigkeit von ca. 400 km pro Sekunde innerhalb von zwei bis drei Tagen die Erde. Zum Vergleich: Das Sonnenlicht braucht acht Minuten, bis es die Erde erreicht. Bei Sonneneruptionen gelangen viel größere Teilchenmengen mit bis zu 2.500 km pro Sekunde ins All. Man spricht von einem sogenannten coronalen Massenauswurf (CME), der die Erde schon nach wenigen Stunden erreichen kann. Aufgrund dieser Vorlaufzeiten ist eine Polarlichtvorhersage nur für die kommenden zwei bis drei Tage sinnvoll, starke Ereignisse sind oft erst Stunden vorher erkennbar. Die Erde wird durch ein Magnetfeld vor diesen geladenen Partikeln geschützt. Diese können nicht in das Magnetfeld eindringen und werden zu den Polen hin abgelenkt. Erst dort erlaubt die Form des Magnetfelds ein tieferes Eindringen der Teilchen in die Erdatmosphäre. In Höhen zwischen 100 und 400 Kilometern regen diese Teilchen hauptsächlich Sauerstoff- und Stickstoffatome zum Leuchten an. Dabei werden Elektronen der äußeren Elektronenschale in höhere Energieniveaus gehoben. Wenn diese dann in ihr ursprünglich niedrigeres Niveau zurückspringen, wird Licht ausgesandt. Stickstoff leuchtet in Blau, Sauerstoff in Grün und Rot. Das rote Licht wird dabei in größeren Höhenschichten emittiert als das grüne.

Die Häufigkeit für das Auftreten von Polarlichtern hängt von der Sonnenaktivität ab. Diese hat alle 11 Jahre ein Maximum, sodass dann die Chance für Polarlichter erhöht ist. Zuletzt gab es hochaktive Phasen zwischen 2012 und 2015. Günstige Bedingungen dürften wieder um das Jahr 2025 herum herrschen.

Für die räumliche Verteilung der Polarlichter ist die Lage des magnetischen Pols ausschlaggebend. Letzterer lag im letzten Jahrhundert über Nordkanada, von dort wanderte er allmählich nordwärts, und aktuell ist er vom geografischen Pol nicht mehr weit entfernt. In einem Gürtel um den magnetischen Pol herum, aktuell etwa zwischen 65 und 75 Grad nördlicher Breite, treten Polarlichter in etwa 90 Prozent aller Nächte auf. Am Pol selbst sind sie mit etwa 40 Prozent etwas weniger häufig. Nach Süden hin werden die Polarlichter rasch seltener. Nur in Phasen mit starkem Sonnenwind breiten sich die Polarlichter bis in mittlere Breiten aus. In Norddeutschland gibt es sie ein paar wenige Male im Jahr, im Süden nur alle paar Jahre, wenn die Sonne besonders aktiv ist. Als Urlaubsziel zur Beobachtung des Schauspiels bieten sich Nordskandinavien und Island an. Allerdings darf man

eine solche Polarlichtreise nicht im Hochsommer antreten, wenn es in der Polarregion nachts gar nicht dunkel wird. Im Winter hingegen ist es fast immer dunkel, dafür aber in einigen Regionen sehr kalt. Ein guter Kompromiss stellt der Herbst dar. Im Oktober ist es bereits ausreichend lange dunkel, dafür noch nicht so kalt, und am Tage hat man noch Licht für andere Aktivitäten.

Polarlichter sind meistens grün. In Deutschland jedoch sieht man überwiegend einen schwachen Rotschimmer. Das liegt daran, dass der grüne Anteil aus niedrigeren Atmosphärenschichten kommt, die sich von Deutschland aus gesehen in Nordrichtung, aber oftmals unter dem Horizont befinden. Fotos von der Aurora sind meistens sehr farbenfroh. Ein Fotoapparat kann durch eine lange Belichtungszeit von bis zu 30 Sekunden das eher schwache Licht ausreichend einsammeln. Oftmals sind Polarlichter überhaupt nur fotografisch nachweisbar, während sie dem menschlichen Auge verborgen bleiben. In vielen Nächten sieht der Beobachter zumindest einen schwachen und leicht grünlichen Schimmer. Starke Polarlichter sind für den Beobachter jedoch ein beeindruckendes Schauspiel. Während sich schwache Polarlichter nur unmerklich bewegen, sieht man bei hellen Exemplaren deutlich die Bewegungen. Ständig ändert sich das Himmelsbild, es flackert förmlich.

Dr. Ingo Bertram

500 LITER REGEN IN 6 STUNDEN – UNWETTER

Was genau ein »Unwetter« ist, ist in Deutschland klar definiert. Der Deutsche Wetterdienst, der für die Warnung der Bevölkerung vor Wettergefahren zuständig ist, hat vier verschiedene Warnstufen. Die unterste Warnstufe 1 ist die einfache »Wetterwarnung«. Hier warnt der DWD beispielsweise, wenn der Wind eine Geschwindigkeit von 7 Bft. erreicht, wenn in 12 Stunden in den Tälern 10 cm Schnee fallen wird oder wenn mit Glätte zu rechnen ist. Darauf folgt mit Warnstufe 2 die Warnung vor »markantem Wetter«. Die wird bei Windgeschwindigkeiten von 8–10 Bft. herausgegeben, aber auch bei starkem Gewitter oder 25 Liter Regen in einer Stunde. Genau genommen sind diese beiden Stufen aber noch keine »Unwetterwarnungen«. Die beginnen mit der Warnstufe 3, die auch ganz offiziell »Unwetterwarnung« heißt, gefolgt von Warnstufe 4, der Warnung vor »extremem Unwetter«.

Entscheidend für die Unwetterwarnung ist dabei nicht nur die Menge dessen, was passiert, sondern auch der Zeitraum, wie lange die Wettersituation anhält.

Kriterien für eine »Unwetterwarnung« (Stufe 3) sind unter anderem:

* Windstärke 11
* Gewitter mit Hagelkörnern über 1,5 cm
* mehr als 25 l/m² Regen in 1 Stunde (35 l/m² in 6 Stunden, 60 l/m² in 48 Stunden)

* bis zu 20 cm Schnee unterhalb von 800 m in 6 Stunden oder bis zu 30 cm in 6 Stunden oberhalb von 800 m

Warnungen vor »extremem Unwetter« (Stufe 4) werden herausgegeben bei:

* Windgeschwindigkeiten über 140 km/h
* sehr starkem Gewitter mit Hagelkörnern über 1,5 cm
* mehr als 40 l/m² Regen in 1 Stunde (60 l/m² in 6 Stunden, 90 l/m² in 48 Stunden)
* verbreitet mehr als 20 cm Schnee unterhalb von 800 m in 6 Stunden oder verbreitet mehr als 30 cm in 6 Stunden oberhalb von 800 m

Darüber hinaus gibt es noch Hitzewarnungen und Warnungen vor zu hoher UV-Belastung. Zeichnet sich ein Unwetter ab, das aber noch zu weit in der Zukunft liegt, als dass man dessen Eintreffen genau vorhersagen könnte, gibt es eine »Vorabinformation Unwetter«.

Unwettersituation haben entsprechende Folgen. Dabei hängen die Auswirkungen eines Unwetters nicht immer nur von der Regenmenge oder der Windgeschwindigkeit ab. Beispielsweise sind frühe Herbststürme vor allem deswegen so gefährlich, weil die Bäume noch voller Blätter sind. Ein Sturm hat es daher viel leichter einen Baum umzuwerfen, als wenn dieser keine Blätter mehr hat.

Untersuchungen haben gezeigt, dass bei einem Sturm am Waldrand immer zuerst die zweite Reihe Bäume umfällt. Weil die vordere Reihe ständig dem Wind ausgesetzt ist, haben sich die Bäume mit ihrem Wachstum entsprechend angepasst. Die zweite Reihe ist bei normalem Wind von der vorderen Reihe geschützt und wird daher von einem Sturm deutlich stärker getroffen.

Welche Folgen welche Regenmengen haben, hängt davon ab, auf was der Regen trifft. War es wochenlang trocken, und ist der Boden dadurch hart, kann er das Wasser nicht aufnehmen. Es fließt dann vor allem oberflächlich ab und sorgt so für Überschwemmungen. Auch wenn es tagelang geregnet hat und der Boden aufgrund der »Sättigung« kein Wasser mehr aufnehmen kann, kommt es zu Überflutungen.

Welche Auswirkungen die Überflutungen haben, hängt wiederum davon ab, was den Wassermassen im Weg steht. Können sie in einem Flussbett abfließen, kommt es zu Überflutungen. Schwimmen im Wasser Äste oder gar Baumstämme und verkeilen sich diese zum Bespiel vor einer Brücke, steigt der Wasserspiegel rasch an. Das heißt, dass das Wasser auch Orte überfluten kann, bei denen es zunächst nicht zu erwarten gewesen wäre. Brechen irgendwann diese verkeilten Baumstämme durch den hohen Druck des Wassers, kommt es zu einer Flutwelle.

Bei großen Regenmengen laufen tiefer gelegene Orte wie Keller oder Unterführungen schnell voll. Dies geschieht deutlich schneller, als man das vielleicht erwartet. Deswegen sollte man niemals noch schnell in den Keller gehen und versuchen, persönliche Dinge zu sichern, wenn die ersten Wassermassen die Kellertreppe hinunterlaufen. Denn in nur wenigen Minuten kann man im Keller von den Wassermassen eingeschlossen sein. Auch Unterführungen sind gefährlich, weil hier das Wasser aus den umliegenden Straßen zusammenfließt und daher schnell ansteigen kann.

Bei Sturm sollte man wiederum niemals auf den Balkon oder die Terrasse gehen, um Sonnenschirme oder Stühle zu sichern. Denn es reicht schon eine einzelne starke Böe, um Dachziegel vom Dach zu reißen. Und bei Hagel sollte man auf jeden Fall weg von den Fenstern treten. Denn ein Hagelkorn von 3 cm Größe und entsprechend hoher Geschwindigkeit kann durchaus eine Fensterscheibe durchschlagen.

Um die aktuelle Wetterlage im Auge zu behalten, hat man heutzutage viele Möglichkeiten. Neben den ständig aktualisierten Wettervorhersagen gibt es aktuelle Radarbilder und aktuelle Unwetterwarnungen auf der Seite www.tagesschau.de und natürlich in der Tagessschau-App.

Auch der Deutsche Wetterdienst bietet neben einer Internetseite mit allen Warnungen (www.wettergefahren.de) eine App an. In der WetterWarnApp finden sich alle aktuellen Warnungen sowie die

Radarbilder und Blitzkarten, auf denen man sehen kann, wo es derzeit besonders kritisch ist. Außerdem kann man sich über die App auch Push-Nachrichten schicken lassen, wenn der Bereich, in dem man wohnt oder in dem man sich aufhält, besonders gefährdet ist.

Wenn der Sturm vorbei ist, ist die Gefahr allerdings noch lange nicht gebannt. Denn beim Sturm hat sich das ein oder andere gelöst und gelockert, das auch am Tag danach noch durch einen leichten Windstoß heruntergeweht werden oder umfallen kann. Im Wald ist die Gefahr besonders hoch. Mancher Ast ist abgebrochen, hängt aber noch irgendwo in den Bäumen. Deshalb sollte man auch in den Tagen nach dem Sturm nicht in den Wald gehen und von Hausdächern etwas Abstand halten.

WIRBELSTÜRME

Für die größten Verwüstungen weltweit sorgen Wirbelstürme. In der Karibik und dem Golf von Mexiko heißen große Wirbelstürme »Hurrikan«. Ein Wort, das aus der Sprache der Taino, der indigenen Ureinwohner der Großen Antillen, stammt. In Asien heißen Wirbelstürme »Taifun«. Das Wort kommt von einem kantonesischen Dialekt des Chinesischen und heißt ursprünglich »tai fung«, was so viel wie »großer Wind« bedeutet. Im Indischen Ozean und im Südpazifik heißen sie Zyklon vom griechischen »kyklōn«, was so viel heißt wie »rotierend«. Auch über dem Mittelmeer gibt es, wenn auch sehr, sehr selten, große Wirbelstürme. Dort nennt man sie »Medicane«.

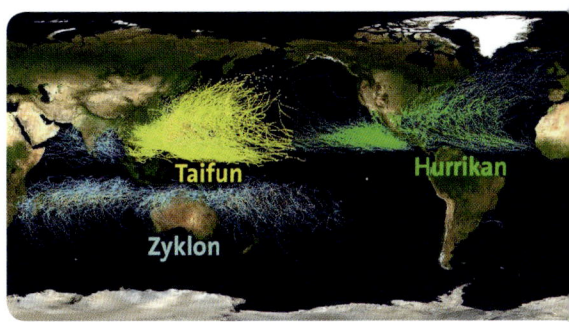

Wirbelstürme bilden sich auf der Nordhalbkugel vor allem zwischen Juli und November. Dann ist mit dem warmen Meerwasser einer der wichtigsten Faktoren gegeben. Damit sich ein Wirbelsturm bilden kann, braucht es jedoch verschiedene Zutaten. Eine der wichtigsten ist eine Wasseroberflächentemperatur von mindestens 26,5 °C. Dann steigt die Luft auf, und es entsteht eine »tropische Depression« – ein Vorläufer des Wirbelsturms. Ein System aus Wolken und Gewittern mit einer geschlossenen Zirkulation, aber noch ohne ein ausgebildetes Auge. Durch die Erddrehung gerät dieses tropische Tiefdruckgebiet in Rotation und zieht nach Westen.

Auf dem Weg nach Westen saugt sich das Tiefdruckgebiet mit Wasser voll und verstärkt sich. Die Küste der USA und die karibischen Inseln erreicht der Hurrikan dann mit Windgeschwindigkeiten von weit über 100 km/h.

Von einem Hurrikan spricht man, wenn er mindestens Windstärke 12, also Geschwindigkeiten von mindestens 119 km/h hat. Im Auge des Sturms selbst ist es dabei windstill, rundherum kann ein Hurrikan Windgeschwindigkeiten von bis zu 300 km/h erreichen, stellenweise sogar mehr. Der Hurrikan selbst zieht allerdings nur sehr langsam vorwärts. Häufig mit Geschwindigkeiten von 20 km/h. Auch das macht ihn so

zerstörerisch, denn so kann er über Stunden hinweg dem gleichen Gebiet große Regenmengen bringen. Die größten Hurrikans haben eine Ausdehnung von bis zu 700 Kilometern.

Die Windgeschwindigkeit der Hurrikans schwächt sich beim »Landfall«, also dem Auftreffen auf Land, deutlich ab. Der Sturm lässt dann zwar nach, aber die enormen Regenmengen und Sturmfluten richten große Zerstörungen an. Hurrikans haben stetig abwechselnd weibliche und männliche Namen. Die Namen von besonders zerstörerischen Hurrikans werden jedoch nicht wieder vergeben.

Der Weg der tropischen Wirbelstürme wird durch die allgemeine Strömung gesteuert. Auf den Westseiten der über den Ozeanen liegenden Subtropenhochs drehen sie nach Norden ein und werden dann von der Westwinddrift über den Atlantik nach Europa getrieben. Hierzulande kommen sie als mehr oder we-

niger kräftige Tiefdruckgebiete an. Die schlimmsten Wirbelstürme können sich im Westpazifik nördlich des Äquators und im Indischen Ozean südlich davon bilden. Dort gibt es große, freie Wasserflächen, auf denen die Wirbelstürme sowohl Fahrt als auch große Wassermassen aufnehmen können.

D ie fehlenden freien Wasserflächen sind der Grund, warum Wirbelstürme im Mittelmeer nur selten vorkommen und dann auch nicht die Kraft eines Hurrikans entwickeln können. »Medicane« sehen zwar mit ihrem Auge Hurrikanen ähnlich und sind auch aufgrund ihrer Größe vergleichbar, können aber im Gegensatz dazu kein sich selbststabilisierendes Wettersystem aufbauen und zerfallen dadurch spätestens nach zwei Tagen. Innerhalb dieser Zeit können sie allerdings Regenmengen von mehr als 1.000 Liter auf den Quadratmeter bringen und Windgeschwindigkeiten von über 140 km/h erreichen.

TAGESSCHAU-THEMA DES TAGES – TORNADO

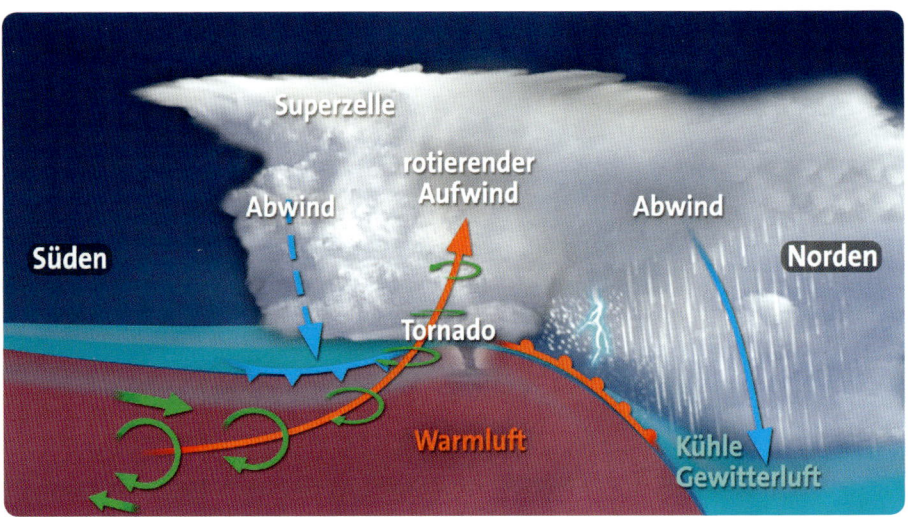

O rkantiefs wie Lothar oder Kyrill versetzen Menschen seit jeher in Angst und Schrecken, ihre Zerstörungskraft ist immens. Dennoch gibt es Winde, die weitaus größere Geschwindigkeiten von teilweise bis zu 500 Stundenkilometern erreichen und alles in ihrem Weg dem Erdboden gleichmachen. Diese kleinräumigen Wirbel – sogenannte Tornados (von spanisch tornar »sich drehen«) – treten in nahezu allen Regionen der Welt auf.

Zur Entstehung eines Tornados bedarf es einer Schauer- oder Gewitterwolke. Man unterscheidet je nach Herkunft der Rotation zwischen zwei verschiedenen Typen der Tornados. Der klassische Tornado entsteht im Bereich sogenannter »Superzellen«. Er kann sehr stark sein und tritt im mittleren Westen Nordamerikas besonders häufig auf.

An Tagen mit Superzellentwicklungen nimmt der Wind in den unteren Luftschichten mit der Höhe stark zu oder er weht sogar aus entgegengesetzten Richtungen. In dieser Windscherung steckt bereits eine Rotation, allerdings um eine horizontale Achse, in der Abbildung durch den am weitesten links befindlichen grünen Wirbel angedeutet. Wenn diese bereits Wirbel-behaftete Luft in den Aufwindbereich einer Gewitterwolke einbezogen wird, kann die zunächst in der Horizontalen vorhandene Rotation innerhalb der Gewitterwolke gekippt werden. Als Folge entsteht ein Gewitter, dessen gesamter Aufwindbereich um eine vertikale Achse rotiert – eine Superzelle ist geboren. Die Rotation erfolgt zunächst recht langsam und wird oftmals nur in Zeitrafferaufnahmen sichtbar. Wenn der rotierende Aufwindbereich nun zwischen den üblicherweise auf der Nord- und Westseite der Zelle auftretenden Abwinden eingezwängt wird, beschleunigt sich die Rotation –

ähnlich wie bei einem Eiskunstläufer, der die Arme einzieht –, und dann besteht höchste Gefahr. Durch starken Druckabfall innerhalb der rotierenden Luftsäule wird vorhandenes Wasser zur Kondensation gezwungen, und der Rüssel wird sichtbar. Hierzulande treten besonders zwischen April und September immer wieder einzelne Superzell-Tornados auf, die teilweise für enorme Schäden sorgen. Ein besonders starker Tornado verwüstete am 10. Juli 1968 Teile von Pforzheim. Dabei gab es Windgeschwindigkeiten von schätzungsweise bis zu 400 km/h. Beispiele für schwere Schäden in jüngerer Zeit sind die Superzell-Tornados von Großenhain in Sachsen (2010) und der Tornado von Bützow (2015).

Für die Entstehung eines Tornados des zweiten Typs reicht eine »normale« Schauer- oder Gewitterzelle aus, dafür kann er nicht ganz so stark werden. Ein nicht zu vernachlässigender Anteil der jährlich etwa 50 Tornados hierzulande gehört diesem zweiten Typus an. Bei Windgeschwindigkeiten bis etwa 250 km/h kann es ebenfalls schwere Schäden geben. Der nicht an eine Superzelle gebundene Tornado bezieht seine Rotation daraus, dass der Wind unterhalb einer Gewitterwolke von vornherein verschieden stark oder aus verschiedenen Richtungen weht. Es sind also bereits Wirbel mit vertikaler Achse in der Luftströmung vorhanden. Befindet sich darüber der Aufwindbereich einer Schauer- oder Gewitterwolke,

wird der Wirbel nach oben gezogen und zugleich verengt. Damit greift auch hier der Effekt des Eiskunstläufers. Für seine Entstehung muss die Luftschichtung in den untersten Bereichen der Atmosphäre sehr labil sein, eine Bedingung, die am ehesten bei Kälteeinbrüchen über größeren Wasserflächen geben ist. Diese Tornadoart tritt daher häufig als sogenannte Wasserhose in Erscheinung, sie entsteht aber auch über Land. In Deutschland sieht man sie am häufigsten an den Küsten, über dem Bodensee und über dem Starnberger See.

Dr. Ingo Bertram

LET IT SNOW – DAS WETTER LÄSST SICH VERÄNDERN

Die Wissenschaftler sind sich noch nicht ganz einig, in welchem Maße man das Wetter beeinflussen kann. Zumindest wie man Schnee machen kann, haben aber die Amerikaner Vincent Schaefer und Irving Langmuir, Mitarbeiter beim amerikanischen Industriekonzern General Electrics, am 06.07.1946 herausgefunden. Eigentlich wollten sie nur wissen, warum die Tragflächen von Flugzeugen bei starkem Wind so schnell vereisen. Sie unternahmen unzählige Versuche in einer Tiefkühltruhe, fanden aber zunächst keine Lösung. Eines Morgens war die Tiefkühltruhe ausgeschaltet. Um sie schnell wieder herunterzukühlen, legten sie ein Stück Trockeneis in die Truhe, und innerhalb kürzester Zeit bildeten sich Schneeflocken. Es gab einen richtigen kleinen Schneesturm in der Tiefkühltruhe.

Vier Monate später, am 13.11.1946, testete Vincent Schaefer die neue Entdeckung am Himmel über Massachusetts. Gemeinsam mit seinem Piloten Curtis Talbot flog er in eine dicke Cumuluswolke. Sie streuten Trockeneis in die Wolke, und heraus fielen kleine Schneekristalle. Sie waren allerdings geschmolzen oder verdampft, bevor sie den Boden erreichten, und so bekam kaum jemand etwas davon mit. Am nächsten Morgen stand es dann in der New York Times: »Drei-Meilen-Wolke in Schnee verwandelt.«

Wolken, Regen und Schnee mit Trockeneis herzustellen, funktioniert allerdings nur bei sehr niedrigen Temperaturen.

Schon kurze Zeit später entdeckten die beiden, dass derselbe Effekt auch mit Silberjodid zu erzielen ist.

Der Effekt, eine Wolke zum Regnen oder Schneien zu bringen, ist im Grunde genommen sehr einfach. Eine Wolke besteht aus vielen kleinen Wassertröpfchen. Manchmal sind sie so schwer, dass sie auf die Erde fallen, und es regnet. Manchmal sind sie dagegen ganz leicht und schweben in der Atmosphäre. Streut man nun Trockeneis oder Silberjodid in die Wolke, zieht das die kleinen Wassertröpfchen an. Um ein Partikel Silberjodid lagern sich ganz viele kleine Wassertröpfchen. Aus vielen kleinen Wassertröpfchen wird so ein großer Wassertropfen, der letztlich so schwer ist, dass er zu Boden fällt – es regnet. Den gleichen Effekt erzielen auch Ruß- oder Staubpartikel, die man Aerosolteilchen nennt.

Was mit Regen geht, geht in diesem Fall auch mit Schnee. Bei Temperaturen unter 0 °C lagern sich rund um die Aerosolteilchen kleine Schneeflocken an, die zu einer großen Schneeflocke werden und dann zu Boden fallen. In der Umgebung von größeren industriellen Anlagen sieht man gelegentlich im Winter Schnee. Vor allem an kalten Tagen mit Hochnebel, an denen viel Luftfeuchtigkeit in der Luft ist, sorgt die Anwesenheit von kleinen Staub- oder Rußpartikeln in der Luft für Schneefall. Eine »Wettererscheinung«, die selbst der beste Wetterbericht nicht vorhersagen kann (vergleiche dazu Industrieschnee Seite 64).

Ob »Wetter machen« im großen Stil wirklich funktioniert, ist umstritten, aber es gibt einige sehr prominente Beispiele. Nicht nur die russischen Paraden auf dem roten Platz fanden immer ohne Regen statt. Auch die Eröffnung der Olympischen Sommerspiele in Peking 2008 blieb »überraschenderweise« trocken. In deren Vorfeld hatte die chinesische Regierung versprochen, dass es bei der Öffnungsfeier auf gar keinen Fall regnen werde. Tatsächlich zog am Abend der Eröffnungsfeier ein großes Regengebiet auf das National Stadium in der chinesischen Hauptstadt zu. Erreicht hat der Regen die Eröffnungsfeier aber nie. Auf dem Radar war sehr deutlich zu erkennen, dass das Regenband, das direkt auf das Stadion zuzog, 10 km vor dem National Stadium wie von Geisterhand stoppte. Die chinesische Regierung erklärte am nächsten Morgen, man habe den Regen mit Silberjodid gestoppt. Insgesamt 1.104 Raketen hatten die chinesischen Wetterexperten von 21 Stellen der Stadt abgeschossen. Chinesische Bürger erzählten, die Regierung habe das in den Wochen und Monaten davor immer

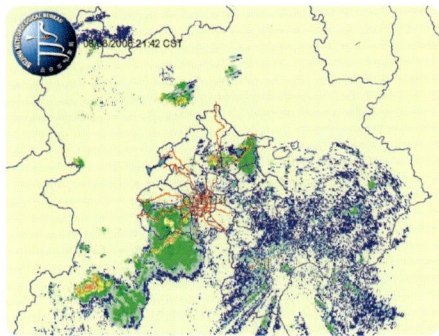

geübt: Jeden Freitag gegen 16 Uhr habe es geregnet.

Der Beschuss der Wolken mit Silberjodid ist für Mensch und Natur – nach dem aktuellen Stand der Dinge – übrigens völlig ungefährlich. Die Mengen, die man benötigt, sind so klein, dass man den Stoff am Boden gar nicht mehr nachweisen kann.

Auch in Deutschland versucht man sich den Trick mit dem Silberjodid zunutze zu machen. Denn durch den Beschuss der Wolken kann man nicht nur Regen komplett verhindern, sondern in einer etwas einfacheren Variante die Bildung von Hagel. Dann regnet es zwar noch, aber es hagelt nicht. Hagel war zum Beispiel für die Hopfenregion Rosenheim immer wieder ein Problem: Manchmal ruinierte ein einziges Gewitter die halbe Ernte eines Jahres. Daher begannen die Rosenheimer in den 1930er-Jahren mit ersten Experimenten zur Hagelabwehr. Zunächst waren es Raketen mit Silberjodid, mit denen man versuchte, die Wolken »abzuschießen«. 1958 initiierte der damalige Landrat Georg Knott einen 10-jährigen Freilandversuch, der von Erfolg gekrönt war. Es fiel zwar Regen, aber die kräftigen Gewitter mit

Hagel wurden weniger. Die Analysen ergaben einen Rückgang der Hagelschläge von fast 30 Prozent. 1970 änderten sich die gesetzlichen Bestimmungen für Sprengstoff. Die Treibsätze durften nicht mehr am Boden gelagert werden, und so wurde nach einer Alternative gesucht. Man entschied sich, das Silberjodid mithilfe eines Flugzeugs in die Wolken einzubringen. Hermann Selbertinger, ein flugbegeisterter Bauingenieur aus Rosenheim, konstruierte Spezialgeneratoren und flog auch das erste Einsatzflugzeug der Hagelabwehr.

Seit den 1980er-Jahren verfügt die Hagelabwehr über zwei zweimotorige Flugzeuge, die vom Landkreis selbst betrieben werden. An den Flügelenden befinden sich raketenförmige Behälter, die mit einem Gemisch aus Aceton und Silberjodid gefüllt sind. Das wird in eine Brennkammer gespritzt und dann vom Piloten im Aufwindbereich der Gewitterwolken in bis zu 7.000 Metern Höhe gezündet.

Mittlerweile kann man sich ein paar garantiert regenfreie Stunden auch privat kaufen: Ein Anbieter aus London garantiert für Preise ab 100.000 Pfund eine sonnige Hochzeit.

Eine militärische Nutzung der Wettermanipulation ist seit Ende der 1970er-Jahre verboten. Am 05.10.1978 vereinbarte ein von der Abrüstungskommission der Vereinten Nation ausgearbeiteter völkerrechtlicher Vertrag mit dem Titel ENMOD (»Convention on the Prohibition of Military or Any Other Hostile Use of Environmental Modification Techniques« – »Übereinkommen über das Verbot des militärischen oder sonstigen feindlichen Einsatzes von Umwelt-modifikationstechniken«) das Verbot jeder Technik mit der »durch gezielte Manipulation natürlicher Prozesse die Dynamik, Zusammensetzung oder Struktur der Erde einschließlich ihrer Biota (das bezeichnet alle Lebewesen der Umwelt), Lithosphäre, Hydrosphäre und Atmosphäre oder des Weltraums verändert werden kann.«

Die Vorstellung, das Wetter beeinflussen zu können, ist nicht neu. Schon im Mittelalter ging man davon aus, dass sich das Wetter beeinflussen ließe und man Unwetter abwenden könne Im Alpenraum war das »Wetterläuten« sehr verbreitet. Durch das Läuten der geweihten Kirchglocken sollte jegliches Unheil und somit auch Unwetter abgehalten werden. Dazu kam noch die Vorstellung, dass der Schall des Glockengeläutes die Gewitter zerschlagen könne.

Zu Beginn des 15. Jahrhunderts begann man, Glockeninschriften zu verfassen, um böse Geister zu vertreiben. Das Münster im Kloster Allerheiligen in Schaffhausen erhielt im Jahre 1486 die »Schillerglocke« mit der lateinischen Inschrift: »Vivos voco. Mortuos plango. Fulgura frango.« (»Die Lebenden rufe ich. Die Toten beklage ich. Die Blitze breche ich.«). 1799 übernahm Friedrich Schiller dieses Motto für sein »Lied von der Glocke«.

1784 wurde das Wetterläuten in Bayern durch eine Verordnung von Kurfürst Karl Theodor verboten. Die Maßnahme richtete sich dabei nicht direkt gegen den Aberglauben, sondern galt vor allem dem Schutz der Glöckner, die immer wieder von Blitzen getroffen wurden.

Wolken und Regen haben immer wieder den Lauf der Geschichte beeinflusst. Wenn es vor mehr als 2.000 Jahren im Teutoburger Wald nicht geregnet hätte, wären die Deutschen heute vielleicht alle Römer. Ob es wirklich im Teutoburger Wald gewesen ist, wo germanische Stämme unter der Führung des Cheruskerfürsten Arminius auf drei römische Legionen unter Senator Publius Quinctilius Varus trafen, ist nicht ganz sicher. Es war auf jeden Fall irgendwo zwischen Detmold, Minden und Osnabrück, vermutlich im September des Jahres 9 nach Christus.

Die römischen Legionen waren im Kampf bis dahin außerordentlich erfolgreich gewesen und vom heutigen Italien aus weit nach Germanien vorgedrungen. Ihr Erfolg im Kampf beruhte auf ihrer Strategie und der Formation, in der sie kämpften. Die Formation wurde »Schildkröte« genannt. Dabei hatten die Römer in einer Hand ein Schwert und in der anderen einen mit Leder bezogenen Schild. Sie stellten sich so auf, dass die Soldaten am Rand den Schild vor oder neben sich hielten. Die Soldaten in der Mitte hielten den Schild über sich. So war die Formation stabil und von keiner Seite angreifbar. An diesem Septembertag im Jahr 9 n. Chr. regnete es Überlieferungen zur Folge allerdings heftig im Teutoburger Wald. Der Boden wurde matschig, die Römer fanden mit ihren Ledersandalen keinen Halt und rutschten aus. Das Leder der Schilde saugte sich mit Regenwasser voll, und sie wurden so schwer, dass die Römer sie nicht mehr halten und sie deshalb ihre Schildkrötenformation nicht mehr einnehmen konnten.

Außerdem fürchteten sich die Römer vor dem Gewitter. Sie empfanden es als Drohung ihrer Götter. Anders war es für die Germanen. Sie hielten die Gewitter für ein Zeichen göttlichen Beistandes des germanischen Donnergottes Thor und griffen mutig an. So verloren die Römer die Schlacht im Teutoburger Wald und zogen sich schon bald zurück.

GANZ SCHÖN HEISS – DAS WETTER BEEINFLUSST UNSERE GEFÜHLE

Warum sind 30 °C manchmal leichter und manchmal schwerer zu ertragen?

Welche Temperatur angenehm ist, empfindet jeder und jede ein bisschen anders. Für manche sind 30 °C unerträglich, andere blühen bei solchen Temperaturen erst richtig auf. 30 °C fühlen sich aber nicht immer wie 30 °C an. Ob man eine Temperatur als angenehm empfindet oder nicht, hängt nicht nur allein von der Temperatur der Luft ab. Wichtig sind dabei drei Faktoren: Wolken, Wind und Luftfeuchtigkeit.

Die Bewölkung des Himmels wirkt sich nicht nur auf die Stimmung aus, sondern auch auf das Temperaturempfinden. Scheint die Sonne, können die Sonnen-strahlen die Haut direkt erwärmen. Ein Effekt, der bis zu 15 °C Temperaturunterschied ausmachen kann, denn 15 °C mit Sonne fühlen sich an wie bis zu 30 °C.

Weht dagegen an kalten Tagen der Wind besonders stark, wird das nicht nur als besonders unangenehm empfunden, sondern es kühlt den Körper tatsächlich stärker aus. Das Wärmepolster um den Körper herum wird weggeblasen und −10 °C fühlen sich bei einem Wind von 60 km/h dann wie −22,6 °C an (siehe Windchill Seite 80).

Bei der Berechnung des »Windchill-Effekts« wird allerdings die Luftfeuchtigkeit nicht berücksichtigt. Aber auch sie ist ein wesentlicher Faktor, ob man die Temperatur als angenehm empfindet.

Gerade bei hohen Temperaturen ist eine hohe Luftfeuchtigkeit für den menschlichen Körper eine zusätzliche Belastung.

Empfindet der menschliche Körper es als zu warm und befürchtet zu überhitzen, beginnt er zu schwitzen. Auf der Haut bilden sich kleine Schweißtropfen, die verdunsten. Durch deren Verdunstung entsteht Verdunstungskälte, und der Körper wird gekühlt. Herrscht eine hohe Luftfeuchtigkeit, ist die Luft allerdings bereits »gesättigt«. Der Schweiß kann nicht verdunsten, und es stellt sich somit auch keine Kühlung ein. Deswegen empfindet man hohe Temperaturen bei einer hohen Luftfeuchtigkeit als besonders unangenehm.

Was »schwül« ist, lässt sich genau definieren. Die Grafik sieht etwas kompliziert aus, ist aber eigentlich ganz einfach. Auf einer Achse befindet sich die Temperatur, auf der anderen die relative Feuchte. Der grüne Bereich ist angenehm, also behaglich. Der gelbe

ist noch behaglich. Alles was rot ist, ist schwül, also unangenehm.

Würde zum Beispiel in Baden-Baden die Temperatur bei 35 °C liegen und die relative Feuchte bei 50 %, wäre das eindeutig schwül und für die meisten Menschen nicht mehr behaglich, sondern tropisch.

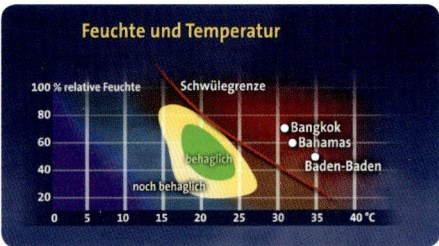

Durch die fehlende Kühlung wird die Lufttemperatur als deutlich wärmer empfunden, als sie tatsächlich ist. Das lässt sich genau beziffern. 32 °C fühlen sich bei einer Luftfeuchtigkeit von 40 % tatsächlich wie 32 °C an, bei einer Luftfeuchtigkeit von 75 % aber schon wie 42 °C, und bei 95 % sogar wie 51 °C.

Wie man Hitze je nach Temperatur und Luftfeuchtigkeit empfindet, beschreibt der Hitzeindex. Um ihn zu ermitteln, gibt es eine komplizierte Formel:

$$HI = c_1 + c_2 T + c_3 \pi + c_4 T\pi + c_5 T^2 + c_6 \pi^2 + c_7 T^2\pi + c_8 T\pi^2 + c_9 T^2\pi^2$$

Dabei ist T die Temperatur in °C oder °F und π die relative Luftfeuchtigkeit in %. Die Werte c sind von der Temperatureinheit abhängige konstante Parameter.

Gemessene Temperatur	Gefühlte Temperatur bei entsprechender Luftfeuchtigkeit		
	40 %	70 %	90 %
30 °C	30 °C	35 °C	41 °C
34 °C	36 °C	47 °C	59 °C
38 °C	44 °C	63 °C	81 °C

Besonders gefährlich wird Hitze in kleinen, abgeschlossenen Räumen wie beispielsweise Autos. Die erhitzen sich bei geschlossenen Fenstern innerhalb von kürzester Zeit auf hohe Temperaturen und stellen dann eine Gefahr für Mensch und Tier da.

Außentemperatur	5 min	10 min	30 min
28 °C	32 °C	35 °C	44 °C
32 °C	36 °C	39 °C	48 °C
36 °C	40 °C	43 °C	52 °C
40 °C	44 °C	47 °C	56 °C

Immer wieder müssen Polizei und Feuerwehr Kinder und Tiere aus Autos befreien. Daher an dieser Stelle der Hinweis: Niemals Kinder oder Tiere allein im Auto lassen! Nicht einmal für 5 oder 10 Minuten. Denn innerhalb von nur 10 Minuten werden aus 36 °C Außentemperatur im Auto 43 °C, und schon das bedeutet akute Lebensgefahr. Nach 30 Minuten sind es sogar 52 °C.

Wenn man ein Kind allein in einem Auto sieht und keiner in der Nähe ist, der das Auto öffnen kann, sollte man sofort Polizei und Feuerwehr rufen. Wenn die Lage für das Kind lebensbedrohlich wird, sollte man – und das darf man auch – die Scheibe des Autos einschlagen und Erste Hilfe leisten.

Prinzipiell verträgt der menschliche Körper Kälte besser als Wärme. Die normale Körpertemperatur beträgt 37 °C. Alles darüber gilt als erhöhte Temperatur oder Fieber. Bei einer Körpertemperatur von 42 °C (also »nur« 5 °C über der Normaltemperatur) gerinnt das Eiweiß im Blut, und der Mensch stirbt. Im Gegensatz dazu kann ein Mensch eine Körperkerntemperatur von 20 °C (also 17 °C unter der Normaltemperatur) durchaus überleben. Kühlt der Körper ab, verengen sich die Hautgefäße, und das warme Blut wird ins Körperinnere geleitet und dort gehalten, um wichtige Organe wie Herz, Gehirn oder Niere am Leben zu erhalten. Wird der Körper bei der Bergung einer unterkühlten Person bewegt, kann unter Umständen das kalte Blut aus Armen und Beinen zum Herz strömen. Dadurch sinkt die Kerntemperatur weiter ab, was den Tod bedeuten kann. Rettungsmediziner bezeichnen dieses Absinken der Körperkerntemperatur als »Afterdrop«. Es ist die häufigste Ursache für den »Bergungstod«. Deshalb sollte die Bergung einer unterkühlten Person immer sehr langsam und vorsichtig und in möglichst waagrechter Position erfolgen.

Friert der Körper, hat er verschiedene Möglichkeiten, um die Wärme zu erhalten oder neue zu erzeugen. Zum einen bildet sich Gänsehaut, und die Haare an Armen und Beinen stellen sich auf – ein Überbleibsel aus früheren Zeiten, als der menschliche Körper noch deutlich mehr behaart war als heute. Mit den aufgestellten Haaren konnte die Wärme zwischen den Haaren gespeichert werden. Das funktioniert bei unserer heutigen kurzen Behaarung an Armen und Beinen nicht mehr.

E ine andere Möglichkeit für den Körper, sich gegen Kälte zu schützen, ist zu zittern. Sind Muskeln aktiv, erzeugen sie Wärme. Das kann man selbst machen, in dem man sich bei Kälte bewegt. Tut man das nicht, übernimmt das der Körper automatisch. Man beginnt zu zittern – das heißt, dass sich die Muskeln bewegen. Dadurch steigert der Körper automatisch die Wärmeproduktion.

Frauen frieren übrigens tatsächlich leichter als Männer – das liegt an der geringeren Muskelmasse und an der dünneren Haut, die weniger gut isoliert.

»Wach zu sein« ist für den menschlichen Körper übrigens deutlich wichtiger als die Wärmeerhaltung. Als der Mensch noch Jäger und Sammler war und im täglichen Leben von wilden Tieren angegriffen werden konnte, war es besonders wichtig, wach und wachsam zu sein. Wird man müde, verwendet der Körper einen Teil der Energie, die er eigentlich zur Wärmeproduktion benötigt, um uns wach zu halten. Deswegen beginnt man zu frieren, wenn man müde ist.

Wann man friert, hängt nicht nur vom persönlichen Empfinden, sondern auch (auch wenn das jetzt ein wenig albern klingen mag) ein bisschen vom Fettpolster ab, dass um den Körper liegt.

Der menschliche Körper kann sich höheren Temperaturen zumindest ein ganz kleines bisschen anpassen. Nach ein paar Tagen mit hohen Temperaturen fühlt es sich nicht mehr ganz so unerträglich an. Eine Hitzewelle im Juli, die auf ein paar warme Tage folgt, ist deswegen für den Körper deutlich einfacher zu ertragen als eine Hitzewelle im Juni.

Als optimales Raumklima für ein Wohnzimmer empfinden die meisten Menschen Temperaturen zwischen 19 und 21 °C und eine Luftfeuchtigkeit zwischen 40 und 60 %. Für ein Schlafzimmer bevorzugen viele bei gleicher Luftfeuchtigkeit eine Temperatur zwischen 16 und 18 °C.

Deutlich zu trocken ist die Luft für gewöhnlich in Flugzeugen. Während des Fluges liegt die Lufttemperatur in der Kabine bei vielen Fluggesellschaften oft ziemlich konstant bei 22 °C und die Luftfeuchtigkeit zwischen 5 und 15 %. Das ist ganz schön trocken und übrigens auch der Grund, warum Zeitungen nach einer Weile im Flugzeug immer lauter rascheln als morgens am Frühstückstisch – durch die trockene Luft in der Kabine wird eben auch das Zeitungspapier trocken und raschelt lauter, wenn man die Zeitung umblättert.

Forscher haben herausgefunden, dass die Leistungsfähigkeit des Körpers bei steigender Temperatur deutlich abnimmt. Optimal ist für viele eine Außentemperatur von 21–22 °C. Ist es wärmer, sinkt die Leistung. Bei 30 °C liegt die Leistungsfähigkeit schon bei unter 70 %.

Die Forschung ist sich nicht ganz einig, ob das Wetter überhaupt die Stimmung beeinflusst und wenn ja wie. Bei vielen Menschen ist die Laune an einem sonnigen Tag häufig besser als nach einer Woche Regen. Aber das ist nicht bei allen so. Einigen ist ein heißer Sommertag sogar eher unangenehm. Beispielsweise ist die Anzahl der Suizide in Skandinavien im langen, hellen Sommer deutlich höher als im ebenso langen, dunklen Winter. Experten gehen davon aus, dass gerade die Diskrepanz zwischen der Erwartungshaltung an einen sonnigen Tag, an dem viele denken, sie müssten gut gelaunt sein und ihrer tatsächlichen Stimmung, die eben nicht so gut ist, das Problem ist.

Jaap Denissen, Psychologieprofessor an der Tilburg-Universität in den Niederlanden fand in einer Studie mit gut 1.200 Menschen aus Deutschland heraus, dass ein Tag mit mehr Sonne, wenig Wind und höheren Temperaturen nicht alle Menschen glücklicher macht. Er ließ die Probanden einen Fragebogen zu Ihrer Stimmung ausfüllen und verglich die Ergebnisse mit den Wetterdaten des Deutschen Wetterdienstes. Dabei stellte sich heraus, dass es nur wenig Einfluss auf die Stimmung von Menschen hat, ob es regnet oder die Sonne scheint.

Auf der anderen Seite ergab die Studie, dass niedrige Temperaturen, Wind und Regen durchaus ein bisschen schlechtere Laune machen können. Der Effekt ist demnach aber nur sehr marginal und hängt vor allem davon ab, welcher Typ man ist.

Sein Kollege Theo Klimstra, ebenfalls Psychologieprofessor in Tilburg, unter-

scheidet in einer Studie mit Müttern und Teenagern prinzipiell vier verschiedene Wettertypen: Die »Sommerliebhaber« (Menschen mit einer besseren Stimmung bei warmem und sonnigem Wetter), die »Sommerhasser« (Menschen mit einer schlechteren Stimmung bei warmem und sonnigem Wetter), die »Regenhasser« (Menschen, die an Regentagen oft schlechte Laune haben) und die »Unbeeinflussten« (diejenigen, bei denen es nur einen schwachen Zusammenhang zwischen dem Wetter und der Stimmung gibt). Zum letzteren Typ gehörten 50 % der Probanden der Studie. Ihnen war das Wetter einfach egal. Bei den Sommer-

liebhabern verschlechterte sich bei 15 % der Teenager und 30 % der Mütter die Stimmung bei Regen ein bisschen. Bei Regenhassern verschlechterte sich die Laune an Regentagen ein bisschen. Das betraf aber nur 8 % der Teenager und 12 % der Mütter.

Insgesamt betrafen die Stimmungsschwankungen aufgrund des Wetters nur einen Teil der Probanden und beeinflussten diesen auch nur schwach.

Deutlich entscheidender auf den Organismus sind die Auswirkungen von fehlendem Sonnenlicht. Im Winter,

FLIRTVERSUCHE SIND AN SONNIGEN TAGEN ERFOLGREICHER

Sonniges Wetter hebt bei vielen Menschen nicht nur die Stimmung, sondern macht sie auch offener für Kontaktversuche. Das fand Nicolas Guéguen von der Université de Bretagne-Sud in Vannes in einer Studie von 2013 heraus. Junge Männer baten in einer Fußgängerzone Frauen im Alter zwischen 18 und 25 um Ihre Telefonnummer. Während bei wolkenlosem Himmel die Erfolgsquote bei 22 % lag, verrieten bei bedecktem Himmel nur 14 % aller Frauen ihre Telefonnummer.

wenn die Tage kurz und die Nächte lang werden, macht sich das besonders bemerkbar. Experten sprechen dann von einer »Winterdepression«, die zu den

BEI SCHLECHTEM WETTER KANN MAN SICH DINGE BESSER MERKEN

Eine Studie des australischen Wissenschaftlers Joseph Forgas von der Universität von New South Wales in Sydney fand heraus, dass man sich an regnerischen Tagen Dinge besser merken kann. Probanden, die sich in einem Zeitungskiosk zehn Produkte merken sollten, konnten sich an einem regnerischen Tag an dreimal so viele Produkte erinnern wie an einem sonnigen Tag.

saisonal auftretenden Störungen des Gefühlslebens (SAD = seasonal affective disorder) gehört. Betroffene klagen dann vor allem über Müdigkeit und Traurig-

keit und haben einen besonderen Heißhunger auf Kohlenhydrate, vor allem auf Süßigkeiten.

Experten gehen davon aus, dass das an den Hormonen Serotonin und Melatonin liegt. Fällt wenig Sonnenlicht ins Auge, wird vermehrt das »Schlafhormon« Melatonin ausgeschüttet, das für Müdigkeit sorgt und den Antrieb und die gute Laune dämpft. Um Melatonin zu produzieren, wandelt der Körper Serotonin um, und der Serotoninspiegel sinkt. So fehlt dem Körper das Serotonin, das als »Glückshormon« gilt und die Laune hebt.
Eine solche Depression ist aber durchaus – wenn auch deutlich seltener – auch im Sommer möglich. Warum genau ist bislang noch nicht ganz klar. Als mögliche Ursache gilt das vermehrte Sonnenlicht zu dieser Jahreszeit und die daraus resultierende verminderte Melatoninausschüttung, die zu Schlafstörungen und in der Folge zu Depressionen führen kann.

TAGESSCHAU-THEMA DES TAGES – WIE MAN WETTER WAHRNIMMT

Jedes Jahr taucht der Wunsch nach weißen Weihnachten auf, und immer wieder erscheint es verwunderlich, dass die Festtage nach der langjährigen Statistik hierzulande vielerorts in lediglich 10 bis 30 Prozent aller Fälle tatsächlich weiß sind. Die Mehrheit der Feste ist schon seit Jahrzehnten grün, daran hat sich wenig geändert. Doch warum weicht die Erinnerung vieler Menschen in diesem Fall von der Realität ab? Seit der Mitte des 19. Jahrhunderts wird das Weihnachtsfest in der Kunst oftmals mit Schnee in Verbindung gebracht. Wahrscheinlich stammten die ersten Darstellungen dieser Art aus nordischen Regionen, in denen tatsächlich oft Schnee liegt. Die reine weiße Farbe passt gut zu den Festtagen. Damit hat sich eine weiße Weihnacht als etwas Positives in den Köpfen verankert, während Schnee zu andere Zeiten des Jahres nicht immer beliebt ist. Nun neigt der Mensch dazu, sich erfüllte Wünsche besonders gut zu merken. Man erinnert sich also an die paar wenigen, tatsächlich von Schnee geprägten Feste seiner Kindheit, nicht aber an all die anderen. Hinzu kommt auch der Effekt überlagerter Erinnerungen. So kann es passieren, dass man zu Weihnachten einen Schlitten geschenkt bekommen hat, den man aber aufgrund der Schneelage erst im Februar testen konnte. In der Erinnerung wird die Rodeltour später jedoch zusammen mit Weihnachten abgespeichert, obwohl das Fest selbst grün und trübe war.

Eine gängige Erwartung an den Sommer ist, dass man bei Sonnenschein und Wärme ins Schwimmbad gehen kann. Das mitteleuropäische Klima ist aber eigentlich sehr wechselhaft, und stabile Hochdrucklagen sind eher selten. In praktisch jedem normalen deutschen Sommer werden Stimmen laut, nach denen es früher noch »richtige« Sommer mit überwiegend sonnigen Tagen gegeben hätte.

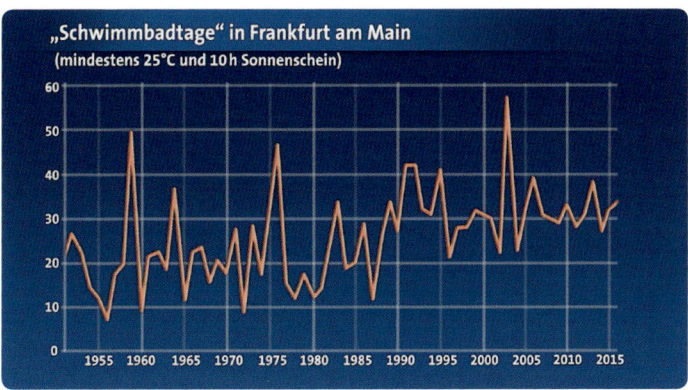

Die Grafik zeigt eine Auswertung zu diesem Thema, exemplarisch für Frankfurt am Main. Als »Schwimmbadtag« gilt ein Tag mit einer Höchsttemperatur von mindestens 25 °C und einer Sonnenscheindauer von mindestens 10 Stunden. Diese Schwellenwerte hätten auch anders festgelegt werden können, das Ergebnis wäre aber ähnlich. Früher konnte man nicht häufiger ins Schwimmbad gehen als in den letzten Jahren. Es liegt lediglich der Effekt vor, dass man sich primär an die Tage im Schwimmbad erinnert, weniger an die wolkigen, kühlen Tage, an denen man zu Hause geblieben ist.

Übrigens ist auch der Autor dieses Textes nicht frei von solchen hier geschilderten verzerrten Erinnerungen. Als 9-jähriger Junge erlebte er in der Pfalz den Winter 1981/82. Gefühlt gab es damals in Speyer einen halben Meter Schnee und erst nach 6 Wochen Tauwetter. Die spätere Analyse langjähriger Klimareihen zeigte, dass es 30 Zentimeter Schnee waren und der Dauerfrost lediglich 14 Tage andauerte.

Natürlich sind nicht alle Wettererinnerungen fehlerbehaftet. Wer beispielsweise den Eindruck gewonnen hat, dass die letzten 20 Jahre wärmer waren als die Jahrzehnte davor, der irrt sich damit nicht.

Dr. Ingo Bertram

DAS WETTER ÄNDERT SICH –
DER KLIMAWANDEL

Nicht jedes Unwetter ist gleich ein Zeichen des Klimawandels, und doch sind die Zeichen der Zeit nicht zu übersehen. Würfelt man einmal ein »6«, dann ist das Zufall. Beim zweiten oder dritten Mal hintereinander wird man sich schon fragen, ob das noch normal ist und spätestens beim sechsten oder achten Wurf in Folge, bei dem die »6« fällt, kann es kein Zufall mehr sein. Und genau da befindet sich das Wetter jetzt.

Dass sich das Klima ändert, ist mittlerweile keine Frage mehr. Es gibt jedoch die unterschiedlichsten Meinungen, in welcher Form und wie schnell dies geschieht und auch, welchen Anteil der Mensch daran hat. Die Experten aus aller Welt sind sich aber mittlerweile einig darüber, dass die Temperaturen steigen und dass das verheerende Auswirkungen haben wird.

Im November 1988 wurde der »Weltklimarat«, der eigentlich »Intergovern-

mental Panel on Climate Change« (also »Zwischenstaatlicher Ausschuss für Klimaänderungen«), kurz IPCC, heißt, vom Umweltprogramm der Vereinten Nationen (UNEP) und der Weltorganisation für Meteorologie (WMO) gegründet. Seine Aufgabe ist es, politischen Entscheidungsträgern regelmäßige wissenschaftliche Bewertungen des aktuellen Kenntnisstands über den Klimawandel zur Verfügung zu stellen, ohne dabei Handlungsempfehlungen zu geben.

Seinen ersten »Sachstandsbericht« veröffentlichte der IPCC 1990. Derzeit wird am sechsten Sachstandsbericht gearbeitet, der 2022 fertiggestellt werden soll. Darüber hinaus gab es bis zum Jahr 2019 insgesamt 15 Sonderberichte. Dazu gehört unter anderem ein Bericht zu den Folgen einer Klimaerwärmung um 1,5 °C, den Auswirkungen des Klimawandels auf die Ozeane sowie über die Wüstenbildung und nachhaltiges Landmanagement.

Was bedeutet ein Temperaturanstieg um 1,5 °C aber überhaupt? Ein solcher Anstieg, der beim Pariser Klimaabkommen 2016 als Maximum vereinbart wurde, klingt nach nicht besonders viel, und dennoch kann und wird er folgenschwere Auswirkungen haben.

Zunächst einmal sind die 1,5 °C, von denen immer wieder gesprochen wird, nur ein Durchschnitt. Der Klimawandel läuft nicht überall gleich schnell ab. Die Arktis ist beispielsweise zwei bis drei Mal so stark betroffen wie die übrigen Teile der Erde. Die Temperatur über den Ozeanen wird sich deutlich weniger erhöhen, die über den Kontinenten deutlich mehr.

Das heißt, dass Europa auf jeden Fall mehr und heißere Sommertage bekommt. Ein Sommertag mit Werten um 40 °C wäre dann in Deutschland wesentlich häufiger der Fall als jetzt – mit all den Folgen für Mensch, Tier und Natur.

Das hat erhebliche Auswirkungen. Warme Luft kann mehr Wasser speichern als kalte Luft (siehe Seite 48). Deshalb befindet sich mehr Wasser in der Atmosphäre, wenn die Temperatur steigt. Das hat hierzulande mehr solcher »Starkregenereignisse« zur Folge, wie sie aus den vergangenen Sommern bekannt sind. Innerhalb kürzester Zeit fallen dann 40 oder 50 Liter Regen auf einen Ort, überfluten Straßen, lassen Flüsse über die Ufer treten und sorgen für Erdrutsche.

Neben diesen Starkregenereignissen wird es eine größere Trockenheit geben. Wasser wird noch mehr zur Mangelware werden, und Ernteerträge sinken. Experten gehen davon aus, dass sich bei einem Temperaturanstieg von nur 1,5 °C in Spanien Wüsten ausbreiten, Laubbäume verschwinden und selbst die Erträge von Olivenbäumen (die extremste Wettersituationen aushalten) sinken werden.
Aber nicht nur die Lufttemperatur steigt, sondern auch das Wasser der Ozeane wird wärmer. Das bringt das Ökosystem aus dem Gleichgewicht. Korallen bleichen aus und sterben ab. Der Fischbestand wird sich verändern. Das Eis

an den Polkappen wird schmelzen, der Meeresspiegel steigen. Die Deiche müssen erhöht werden, einige Küstenbereiche und Inseln werden nicht mehr bewohnbar sein. Sollten die Temperaturen weltweit im Schnitt um 3 oder 4 °C steigen, steigt der Meeresspiegel sogar um mehr als einen halben Meter. Dann wären nicht nur ganze Küstenregionen in den Niederlanden betroffen, die sich nur noch mit großem technischen Aufwand halten ließen, sondern auch Städte wie Hamburg oder New York.

Ein Blick auf die Temperaturentwicklung der Welt und die Ergebnisse der IPCC-Berichte, lässt keinen Zweifel zu, dass die Temperaturen steigen. Bis 2018 waren die Jahre 2014 bis 2018 die fünf wärmsten Jahre seit Beginn der systematischen und flächendeckenden Messungen (siehe Seite 132 ff.) im Jahr 1881.

Wie sich das Wetter in den vergangenen 150 Jahren entwickelt hat, zeigen auch die »warming stripes« von Prof. Ed Hawkins, Wissenschaftler des National Centre for Atmospheric Science (NCAS) an der Universität in Reading.

Jeder Streifen repräsentiert ein Jahr. Die Temperatur bestimmt die Farbe: Blau sind jene Streifen, in denen die Temperatur weltweit kühler war als im langjährigen Mittel, rot sind jene, in denen es wärmer gewesen ist.

Die Daten von Deutschland sind aus den Jahren 1881 bis 2018 und umfassen eine Temperaturspanne von 6,6 °C (dunkelblau) bis zu 10,3 °C (dunkelrot).

BAUMRINGE

Wie das Wetter in den vergangenen Jahrzehnten gewesen ist, kann man auch an den Ringen der Bäume erkennen. Leonardo da Vinci hatte das schon im 15. Jahrhundert vermutet, mittlerweile ist es wissenschaftlich bewiesen und seit dem 20. Jahrhundert sogar eine eigene Wissenschaftsrichtung.
Dendroklimatologie heißt das Ganze und ist die am häufigsten angewandte Methode, wenn man herausfinden möchte, wie das Wetter war, als es noch keine Wetteraufzeichnungen gab. Sind die Baumringe breit, war das Jahr regenreich und der Baum konnte viel wachsen. Sind die Baumringe dagegen schmal, war das Jahr trocken, und der Baum hat kaum zugelegt.

wurden in Gärmersdorf in der Oberpfalz 40,2 °C gemessen. Dieser Rekord hielt 20 Jahre. Am 08.08.2003 erreichten die Temperaturen in Perl-Nennig im Saarland 40,3 °C, Kitzingen legte am 07.07. und 17.08.2015 mit ebenfalls 40,3 °C nach. Der Rekord fiel am 24.07.2019 mit 40,5 °C in Geilenkirchen und wurde schon am nächsten Tag an sieben

In den vergangenen Jahren wurden auch in Deutschland immer schneller Temperaturrekorde gebrochen. Am 27.07.1983 Orten in Deutschland übertroffen. Zu den wärmsten Orten gehörten Tönisvorst und Duisburg-Baerl mit 41,2 °C.

Markante Hitzewellen seit 1950

Hamburg

Frankfurt am Main

München

Quelle: DWD

Spitzenreiter am 25.07.2019 war mit 42,6 °C die Station in Lingen. Ein Wert, der allerdings unter Experten nicht ganz unumstritten ist. Bei der Station handelt es sich zwar um eine offizielle WMO-Station (siehe Seite 133), allerdings weichen die Werten seit einigen Jahren immer wieder von den zu erwartenden Werten ab. Deswegen beschloss der Deutsche Wetterdienst bereits 2014 eine Verlegung der Station, die aber am 25.07.2019 noch nicht durchgeführt worden war.

Aber nicht nur die Höchstwerte häufen sich. Auch die Tage mit anhaltend hohen Temperaturen werden immer mehr. In einer Untersuchung hat sich der DWD in einigen deutschen Städten die täglichen Höchstwerte der Lufttemperatur seit 1950 angeschaut. Lag das vierzehntägige Mittel der Höchsttemperaturen über 30 °C, wurde es als »Hitzewelle« definiert.

In München, das ein bisschen höher liegt, gab es zwischen 1950 und 1982 keine Auffälligkeiten. Die erste Hitzewelle stellte sich im Sommer 1983 ein. In Hamburg vermerkten die Experten sogar erst 1994 einen vierzehntägigen

Zeitraum mit durchschnittlichen Höchstwerten von über 30 °C. Durch die Küstennähe herrscht dort allgemein ein gemäßigteres Klima. Seither treten allerdings – und das ist beiden Städten gleich – häufiger Hitzewellen auf. In Hamburg kamen seit 1994 noch drei weitere Jahre dazu. In München seit 1983 sogar sieben weitere Jahre. Frankfurt verzeichnet seit 1950 insgesamt 18 Hitzewellen – 13 davon allein in den vergangenen 20 Jahren.

Mit dem Klima ändern sich auch die Möglichkeiten des Weinanbaus. Bereits in gut 20 Jahren wird in Deutschland Wein an Stellen angebaut werden können, an denen es vor 20 Jahren noch nicht möglich war. Und wo es derzeit schon möglich ist, werden sich die Rebsorten ändern. Nach einer Untersuchung des Potsdamer

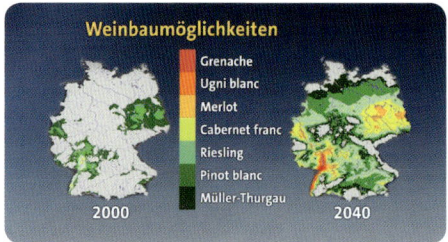

Instituts für Klimaforschung (PIK) könnten schon bald Sorten wie Grenache, Ugni Blanc und Merlot, die bisher nur in südlicheren Gefilden wachsen, in Deutschland heimisch werden.

Hohe Temperaturen und große Trockenheit sind auch ein großes Problem für Getreide. Dabei geht es nicht nur um komplette Ernteausfälle bei wochenlang ausbleibendem Regen. Selbst bei trockenen Phasen ändert sich die Qualität des Getreides. Für das traditionelle deutsche Brot wird es schwierig, wenn sich das bewahrheitet, was Klimaexperten voraussagen. Steigen die Temperaturen und der CO_2-Anteil in der Atmosphäre – und davon gehen die Experten weltweit aus –, wird es vermutlich nicht mehr möglich sein, ein Brot zu backen, wie wir es heute kennen.

Links ein gewöhnliches Brot in Australien, rechts ein mit Getreide gebackenes Brot, wie es im Jahr 2050 sein könnte. Den Unterschied sieht man sehr deutlich. Schuld daran ist das fehlende Protein im Getreide, dass dafür sorgt, dass der Teig geschmeidig wird. Das ist zwar eine australische Studie und australisches Brot, aber deutsche Bäcker haben in trockenen Sommer bereits ähnliche Erfahrungen gemacht. Das Mehl für ein Brot ist heute daher oft nicht aus dem Getreide eines bestimmten Feldes, sondern eine Mischung aus Getreiden verschiedener Flächen. So lassen sich solche Effekte minimieren.

Auch die Konzentration der Pollen steigt bei einem erhöhten CO_2-Anteil in der Luft. Mehrere Studien in den vergangenen Jahren zeigen einen deutlichen Anstieg der Ambrosia-Pollen, bei steigen-

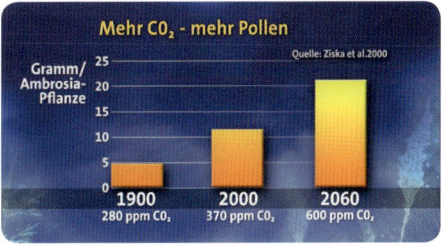

Mehr CO_2 - mehr Pollen

Quelle: Ziska et al.2000

Gramm/Ambrosia-Pflanze

| 1900 | 2000 | 2060 |
| 280 ppm CO₂ | 370 ppm CO₂ | 600 ppm CO₂ |

Australische Wissenschaftler haben in einer Studie herausgefunden, dass Brote dann kleiner und schrumpeliger werden als bisher.

dem CO_2-Gehalt. Steigt der Anteil von 370 ppm CO_2 im Jahr 2000 auf 600 ppm im Jahr 2060, verdoppelt sich der Anteil der Ambrosia-Pollen in der Luft.

Diese Beispiele sind nur einige sehr wenige, und selbst die ganzen aktuellen Forschungsergebnisse lassen die gesamten Auswirkungen des Klimawandels nur erahnen.

3.

> Der Flügelschlag des Schmetterlings – Wetter
vorhersagen ist ganz schön schwierig   Seite 129

> Ein Gitternetz – die Modelle der großen
Wettercomputer   Seite 131

> Hamburg sonnig 20 °C – die aktuelle
Wetterbeobachtung   Seite 132

Die Entstehung einer Wetter- vorhersage – gar nicht so einfach

DER FLÜGELSCHLAG DES SCHMETTERLINGS – WETTER VORHERSAGEN IST GANZ SCHÖN SCHWIERIG

E gal wie schnell Computer mittlerweile sind und wie gut die Prognosemodelle – Wetter ist und bleibt ein sehr komplexes und vor allem chaotisches System. Der von Edward Lorenz erstmals 1972 beschriebene »Schmetterlingseffekt«, nachdem ein Flügelschlag eines Schmetterlings das Wetter an einem ganz anderen Ort ändert, treibt es zwar auf die Spitze, ist aber im Grunde genommen richtig. Trotz modernster Computertechnologie ist es nach wie vor nicht möglich, absolut exakte Wettervorhersagen zu erstellen. Wetter funktioniert nach dem Chaosprinzip und bleibt daher in einem gewissen Maße unberechenbar. Das heißt: Es ist nicht möglich, Wolken und Regen auf die Minute und Temperaturen auf ein Grad genau vorherzusagen. Manchmal funktioniert das zwar, aber eben nicht immer. Die Wettervorhersage versucht im Grunde genommen nur, die zu erwartenden Werte möglichst genau zu treffen.

Denn nur eine minimale Änderung der Anfangsbedingungen ändert das Wetter nach 10 Tagen unter Umständen komplett. Am besten veranschaulicht das eine Grafik, die Meteorologen gern »Spaghetti« nennen. Ein Computer berechnet das Wetter nach der exakt gleichen Formel und ändert eben nur die Anfangsbedingungen um ein ganz kleines bisschen in die unterschiedlichsten Richtungen. Während die Prognosen für die ersten Tage, selbst bei geänderten

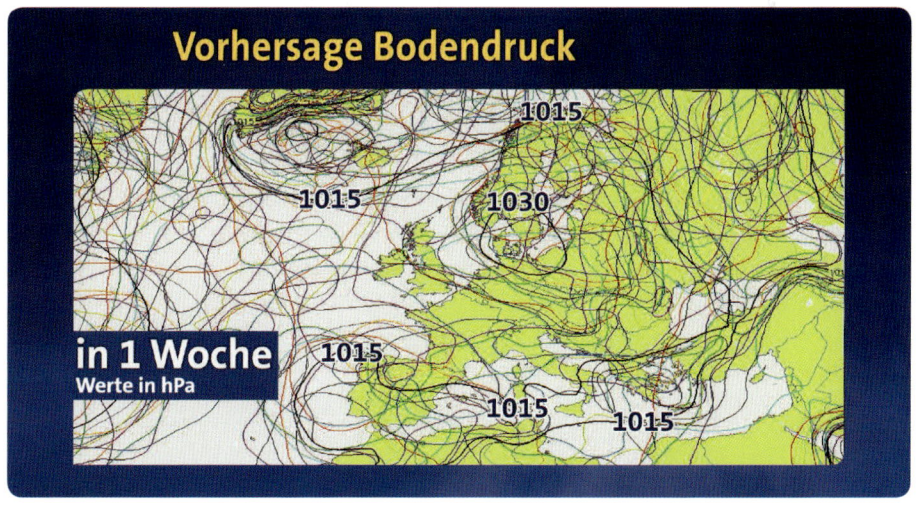

Vorhersage Bodendruck

1015

1015   1030

in 1 Woche
Werte in hPa   1015

1015   1015

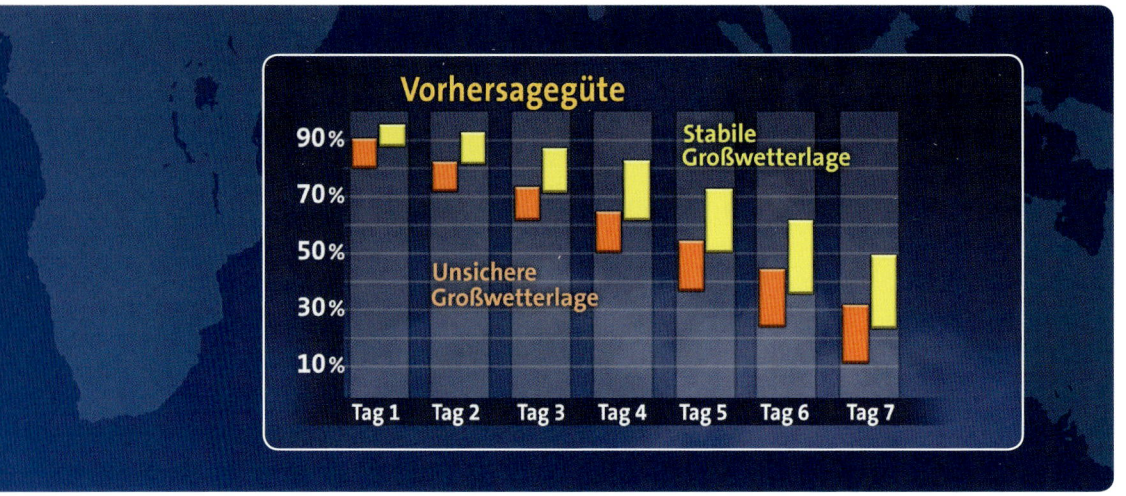

Anfangsbedingungen, meist noch relativ nah beieinander liegen, ändert sich das mit der Anzahl der Prognosetage. Meist ist es schon ab dem vierten Tag ein ziemliches Wirrwarr von Linien. Spätestens nach dem siebten Tag kann man keine einheitliche Linie mehr erkennen.

Wenn man eine seriöse Wetterprognose machen möchte, ist ein Vorhersagezeitraum von einer Woche also das absolute Maximum. Das gilt allerdings auch nicht bei jeder Wetterlage. Ein stabiles Hoch über Mitteleuropa kann schon mal so träge sein, dass sich das Wetter eine ganze Woche lang nicht ändert – was sich relativ gut prognostizieren lässt. Schwieriger gestaltet sich die Vorhersage von Tiefdruckgebieten. Die ziehen oft sehr rasch an Deutschland vorbei nach Osten. Ein paar Stunden oder 100 Kilometer weiter nördlich oder südlich sind für ein Tiefdruckgebiet kein großer Unterschied – die Auswirkungen für uns Menschen allerdings schon. Ob der Schnee noch in der Nacht kommt oder genau zum Berufsverkehr einsetzt, entscheidet über Verkehrschaos oder nicht.

Die Wahrscheinlichkeit, dass das Wetter am nächsten Tag so wird, wie es Modelle und Meteorologen berechnen, liegt im Allgemeinen etwa bei 95 Prozent. Für den übernächsten Tag sind es noch etwa 85 Prozent, danach nimmt die Wahrscheinlichkeit weiter ab. Am fünften Tag hat man noch eine Wahrscheinlichkeit von etwa 50 Prozent. Deshalb gelten die Vorhersagen der Tagesschau auch immer nur für einen Zeitraum von fünf Tagen.

Die Vorhersage in der Tagesschau macht die exakte Wetterprognose noch mal komplizierter, da der Wetterbericht nicht unendlich lang sein darf – bei der Vorhersage der Tagesschau um 20 Uhr beispielsweise nur 45 Sekunden. Darin enthalten sind eine Übersicht über die Luftdruckverteilung in Europa, eine Wolkenvorhersage für Deutschland für die kommende Nacht und den morgigen Tag, die Temperaturen der Nacht und des Tages und noch eine Vorhersage für die darauffolgenden Tage. Bei diesem Umfang in der kurzen Zeit wird der Wetterbericht in einem gewissen Maß natürlich unpräzise.

EIN GITTERNETZ – DIE MODELLE DER GROSSEN WETTERCOMPUTER

Basis der Wettervorhersagen sind heute die Wettermodelle der großen Wettercomputer. So gut wie jeder staatliche Wetterdienst berechnet mittlerweile sein eigenes Wettermodell – für das eigene Land, aber auch für den Rest der Welt. Dementsprechend arbeiten Meteorologen weltweit mit Wettermodellen unterschiedlichster Wetterdienste. Zu den besten Modellen gehören das ICON-Modell des Deutschen Wetterdienstes (DWD), das GFS-Modell des amerikanischen Wetterdienstes (NOAA) und das IFS-Modell des Europäischen Zentrums für mittelfristige Wettervorhersage (ECMWF).

Mit vielen Millionen Messwerten von Tausenden Wetterstationen weltweit und unter Einbeziehung von Satelliten-daten wird dafür zunächst der aktuelle Zustand der Atmosphäre ermittelt. Danach berechnet der Computer mithilfe verschiedener ziemlich komplizierter mathematischer Formeln und physikalischer Gleichungen, die bei jedem Modell ein bisschen anders sind, wie sich die Situation in der Atmosphäre in den nächsten 12, 48 oder 144 Stunden entwickelt. Computer, die dazu in der Lage sind, gehören zu den größten und schnellsten Rechnern der Welt und nehmen auch heute noch ganze Räume ein.

Zu Beginn der numerischen Prognosen in den 1950er- und 1960er-Jahren reichten die Vorhersagen der Computer nur wenige Stunden in die Zukunft. Mittlerweile sind die Rechenleistungen der Computer immer schneller geworden, und Wettermodelle erstellen Vorhersagen von bis

zu 15 Tagen – manche sogar noch darüber hinaus. Die Berechnungen werden je nach Modell alle drei oder sechs Stunden herausgegeben. Sie werden bei einem sechsstündigen Modell um 00, 06, 12, 18 und 24 Uhr der koordinierten Weltzeit UTC (Coordinated Universal Time) berechnet. Bei einem dreistündigen Modell entsprechend dazwischen. Verfügbar sind sie dann vier bis sechs Stunden später.

Berücksichtigt werden dabei die unterschiedlichsten meteorologischen Parameter. Neben Temperatur und Luftfeuchtigkeit gibt es unter anderem auch Berechnungen zur Bewölkung, zu Regen und Schnee sowie zum Luftdruck – um nur einige wenige zu nennen. Dabei berechnen die Modelle die Parameter nicht nur für den Boden, sondern auch für unterschiedliche Höhenlevel. Das ICON-Modell des DWD berechnet insgesamt 90 verschiedene Level bis zu einer Höhe von 75 km. Insgesamt beschreibt es so die Erdatmosphäre durch 265 Millionen Gitterpunkte.

Die Modelle können natürlich nicht für jeden Punkt der Erde das Wetter berechnen. Die Maschenweite der Punkte für globale Modelle liegt zwischen 10 und 50 Kilometer. Bei regionalen Modellen liegen die Punkte, für die die unterschiedlichen Parameter berechnet werden, zwischen 1 Kilometer und 15 Kilometern auseinander. Auf diese Weise können auch sehr kleinräumige Wettererscheinungen prognostiziert werden.

HAMBURG SONNIG 20 °C – DIE AKTUELLE WETTERBEOBACHTUNG

Um zu wissen, wie das Wetter wird, muss man zunächst einmal wissen, wie das Wetter aktuell ist. Dazu gibt es heute viele Möglichkeiten: Die Messwerte der Wetterstationen überall auf der Welt, Satellitenbilder, die die Erde von oben zeigen und Radarbilder, die darüber Aufschluss geben, wo es gerade regnet oder schneit. Diese umfassenden Möglichkeiten gab es vor 100 Jahren allerdings noch nicht.

Um Wetterdaten von unterschiedlichen Orten vergleichbar zu machen, müssen sie zur selben Zeit nach einem einheitlichen Verfahren gemessen werden. Seit 1782 werden Lufttemperatur, Luftfeuchtigkeit, Luftdruck, Windgeschwindigkeit und -richtung weltweit verbindlich um 07, 14 und 21 Uhr (MOZ) gemessen. Zurück gehen diese Zeiten auf den Meteorologen Johann Jakob Hemmer (1733–1790). Er war Leiter des ersten internationalen Messnetzes, dass von der Pfälzischen Meteorologischen Gesellschaft (Societas Meteorologica Palatina) betrieben wurde. Gegründet wurde die Gesellschaft 1780 von Kurfürst Karl Theodor in Mannheim. Deswegen werden diese drei Messzeiten die Mannheimer Stunden genannt. Im Jahr 1781 schickte die Akademie Einladungen an alle großen Universitäten Europas und lud sie ein, sich an den Wetterstudien zu beteiligen. Das erste systematisch betriebene Wettermessnetz der Welt bestand aus 39 Wetterstationen, zu denen die deutschen Stationen in Andechs, Berlin, Düsseldorf, Hohenpeißenberg und Erfurt sowie Stationen in Kopenhagen, St. Petersburg, Moskau, Stockholm, Prag und Cambridge in Massachusetts gehörten.

Die 1758 in Betrieb genommene Wetterstation in Hohenpeißenberg ist die älteste Bergwetterstation der Welt. Die Wetterstation in Potsdam misst seit 1893 ununterbrochen, die Station auf dem Brocken seit 1895.

Eine Station bestand damals prinzipiell aus einem Thermometer zur Messung der Temperatur und einem Hygrometer zur Messung der Luftfeuchtigkeit. Einige Stationen, zum Beispiel die Wetterstation im Mannheimer Schloss, hatten darüber hinaus noch ein Anemometer zur Messung des Windes, ein Hyetometer zur Messung des Niederschlags, ein Atmometer zur Messung der Verdunstung und einen Blitzableiter mit Elektrometer zur Messung der elektrischen Spannung.

Natürlich sind die Messgeräte heute viel moderner, aber an dem, was gemessen wird, hat sich seit 1782 prinzipiell nicht viel geändert. Noch immer wird an den Stationen die Temperatur gemessen. Jetzt aber nicht mehr nur in den festgelegten 2 Metern Höhe, sondern auch am und im Boden. Manche Stationen messen in 5, 10, 20, 50 und 100 cm Tiefe. Zur Temperatur werden noch Wind (Geschwindigkeit und Richtung), Luftdruck, Luftfeuchtigkeit und Niederschlag gemessen. Neu hinzugekommen ist ein Heliograf zur Messung der Sonnenscheindauer.

Das Thermometer befindet sich – bei einer ganz klassischen Wetterstation – in 2 Metern Höhe einer gut durchlüfteten, weiß gestrichenen Wetterhütte. So ist es von äußeren Einflüssen (z. B. Sonnenschein) abgeschirmt. Alle anderen Wetterdaten werden auf einem Messfeld erhoben. Um die Wetterdaten vergleichbar zu machen, muss eine offizielle Wetterstation bestimmte Kriterien erfüllen. Dazu gehört, dass die Stationen nicht an einem Hang oder in der Nähe von Gebäuden oder großen Bäumen stehen dürfen.

Mitte des 18. Jahrhunderts interessierten sich die Menschen zunächst für das Wetter am Boden, schnell kam aber der Wunsch auf, auch das Wetter in der Atmosphäre beschreiben zu können. So wurden mithilfe von Ballons und Drachen die ersten Wetter-Messinstrumente in höhere Schichten der Atmosphäre befördert.

Bereits beim Start des ersten Gasballons am 01.12.1783 führt dieser ein Thermometer und ein Barometer mit sich. Die erste Ballonfahrt mit dem Ziel, meteorlogische Messungen zu machen, startete am 30.11.1784. Erste systematische Untersuchungen der Atmosphäre gab es allerdings erst ab 1862. 1888 wurden in der Nähe von Berlin die ersten Freiluftballons mit meteorologischen Messinstrumenten gestartet. Der erste Messdrachen startete 1905 vom Observatorium in Lindenberg aus. Unter den Augen von Kaiser Wilhelm II. wurde ein Drachen, der meteorologische Messinstrumente trug, an einer langen Leine befestigt und stieg bis zu fünf Kilometer hoch. Nach den Messungen wurden Drachen und Ballons wieder eingeholt und die Daten ausgewertet.

Mit Beginn der Luftfahrt interessierten sich die Menschen immer mehr dafür, wie das Wetter in anderen Luftschichten ist, weshalb die Wettermessungen in der Höhe immer umfangreicher wurden.

Am 26.09.1916 erreichte ein in Lindenberg gestarteter Fesselballon eine Höhe von 9.200 Metern. Am 01.08.1919 war die Wettersituation besonders günstig. Ein Drachen wurde immer weiter in die Höhe getragen, sodass man weitere Drachen in das Seil knoten musste, um das Seil selbst zu halten. Am Ende dienten sieben Drachen dazu, das Seil zu halten, und der achte Drachen trug die Messinstrumente in eine Höhe von 9.740 Metern. Das war das erste Mal, dass man Messwerte aus dieser Höhe bekam und bedeutete zugleich einen Weltrekord für den höchsten meteorologischen Drachenaufstieg. Diesen hält Lindenberg bis heute.

Mit zunehmender Luftfahrt wurde es immer wichtiger, nicht nur genau zu wissen, wie das Wetter aktuell ist, sondern auch, wie es sich in den kommenden Stunden entwickelt. Einen großen Fortschritt in der Wettervorhersage brachte die verbesserte Kommunikation. Die drahtlose und drahtgebundene Telegrafie machte die schnelle Verbreitung der Information erst möglich. Denn erst wenn man möglichst zeitnah Wetterinformationen miteinander in Verbindung bringen kann, kann man auch eine gute Vorhersage machen. 1820 entstanden die ersten Wetterkarten, in denen Isobaren (Linien gleichen Luftdrucks) eingetragen waren. Damit konnte man sehen, wo Hoch- und Tiefdruckgebiete liegen und wie sich die Luftmassen über Europa bewegen. Richtige Wettervorhersagen konnte man mit diesen Karten allerdings noch nicht machen.

Die Erfindung des Schreibtelegrafen in den 1830er-Jahren war ein Meilenstein für die Meteorologie, denn nun konnten Wetterdaten weltweit noch schneller ausgetauscht werden. Die erste Wetterkarte in den USA entstand 1842. Im Jahr 1849 erschien in der Londoner »Daily News« die erste Zeitungswetterkarte. Die erste deutsche Wetterkarte ist aus dem Jahr 1876 und wurde von der Deutschen Seewarte in Hamburg ausgegeben. Die Wetterkarten beschrieben allerdings immer nur das aktuelle Wetter und enthielten noch keine Vorhersage.

1910 wurde von Lindenberg aus der erste Warndienst für Luftfahrer initiiert, der Piloten auf telegrafischem Wege mit meteorologischen Informationen versorgte. 1921 wurden die ersten Flugzeuge zu Messungen von Wetterdaten eingesetzt und in Lindenberg die erste Zentrale der deutschen Flugberatung eingerichtet.

Schnell erkannte man, wie wichtig ein kontinuierlicher internationaler Aus-

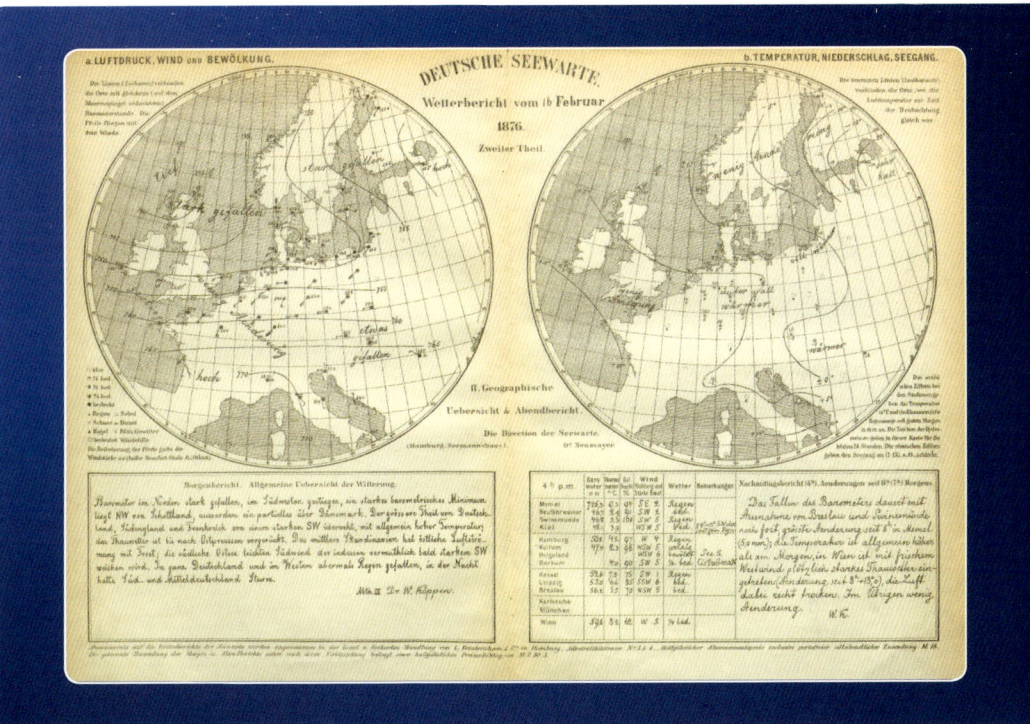

tausch der Wetterdaten ist. 1879 wurde die Internationale Meteorologische Organisation (IMO) in Genf gegründet. Ihr Nachfolger wurde 1950 die World Meteorological Organisation (WMO), also die Welt-Meteorologiebehörde.

Weltweit gibt es mittlerweile mehr als 11.000 Bodenwetterstationen. Viele davon sind automatisiert, bei anderen – zum Beispiel auf Flughäfen – gibt es noch richtige Wetterwarten, bei denen ein Meteorologe die Wetterdaten abliest, die Bewölkung des Himmels klassifiziert und die Informationen an die Zentrale übermittelt. Um Informationen aus höheren Luftschichten zu bekommen, steigen heutzutage weltweit täglich 1.300 Wetterballons, die mit Radiosonden bestückt sind, bis in 30 km Höhe auf. Dazu kommen noch 7.000 Wetter-

stationen auf Schiffen, die Messungen auf hoher See durchführen. Etwa 1.000 dieser Stationen melden täglich Wetterdaten. Im Auftrag des Deutschen Wetterdienstes funken zusätzlich noch rund 750 Handelsschiffe ihre Wettermeldungen. Daneben melden 1.100 Wetterstationen auf Bojen, von denen 100 fest verankert sind und 1.000 über die Weltmeere treiben, sowohl Wasser- und Lufttemperatur als auch die Wellen- und die Meeresspiegelhöhe. Weiterhin sind rund 3.000 Flugzeuge mit Wettermessgeräten ausgerüstet und senden stündlich Daten aus der Atmosphäre sowie von Erd- und Meeresoberfläche. Rund 300 Maschinen der Lufthansa sind mit speziellen Messgeräten bestückt und senden seit 2006 neben Temperatur und Windgeschwindigkeit auch die Feuchtedaten. Diese werden über das Bodenzentrum in das weltweite Messnetz eingespeist.

Mindestens alle drei Stunden werden an den Stationen die wichtigsten meteorologischen Parameter gemessen. Dazu gehören – wie beim Start des Messnetzes 1782 – Temperatur und Luftdruck sowie Windgeschwindigkeit und -richtung.

Der Deutsche Wetterdienst betreibt 180 hauptamtliche und etwa 1.800 nebenamtliche Wetterstationen, von denen ein Teil mittlerweile automatisiert ist. Die nebenamtlichen Wetterstationen werden teilweise von ehrenamtlichen Wetterbeobachtern betrieben, die zu bestimmten Uhrzeiten mehrmals am Tag die Wetterdaten der Messinstrumente ablesen und an die Zentrale des DWD in Offenbach melden.

Alle Daten fließen bei der WMO in Genf zusammen, werden hier auf Plausibilität überprüft und allen Wetterdiensten weltweit zur Verfügung gestellt. Dank moderner Kommunikationswege sind heute die Messwerte der Wetterstationen weltweit innerhalb weniger Minuten verfügbar.

Die Wettervorhersage nennt man übrigens »synoptische Meteorologie« oder kurz »Synoptik«. Das kommt vom griechischen Wort »synopsis«, was man mit »Zusammenschau« übersetzen kann.

DER DEUTSCHE WETTERDIENST
Der Deutsche Wetterdienst (DWD) wurde 1952 gegründet, indem die Wetterdienste der verschiedenen Besatzungszonen in Offenbach zusammengeführt wurden. Im Jahr 1990 integrierte der DWD den Meteorologischen Dienst der Deutschen Demokratischen Republik. Zu den gesetzlichen Aufgaben des Deutschen Wetterdienstes gehören neben dem Betrieb von Mess- und Beobachtungsnetzen sowohl die meteorologische Sicherung der See- und Luftfahrt sowie der Verkehrswege und der Infrastruktur als auch die Archivierung meteorologischer Daten sowie die Wetter- und Klimavorhersage.

SATELLITENBILDER

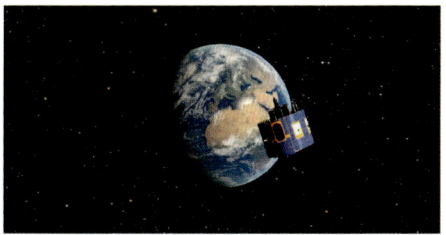

Der Blick von oben auf die Welt und das Wetter hilft bei der Wettervorhersage sehr und war lange Zeit der Traum der Wissenschaftler und Wetterdienste. Heute ist das ohne Probleme möglich. Die Wettersatelliten, die das leisten, heißen Meteosat. Der Name setzt sich aus den englischen Worten »meteorological satellite« (meteorologischer Satellit) zusammen. Die mit dessen Hilfe seit Jahrzehnten gesammelten Datenreihen sind ein zentraler Bestandteil der Klimaüberwachung.

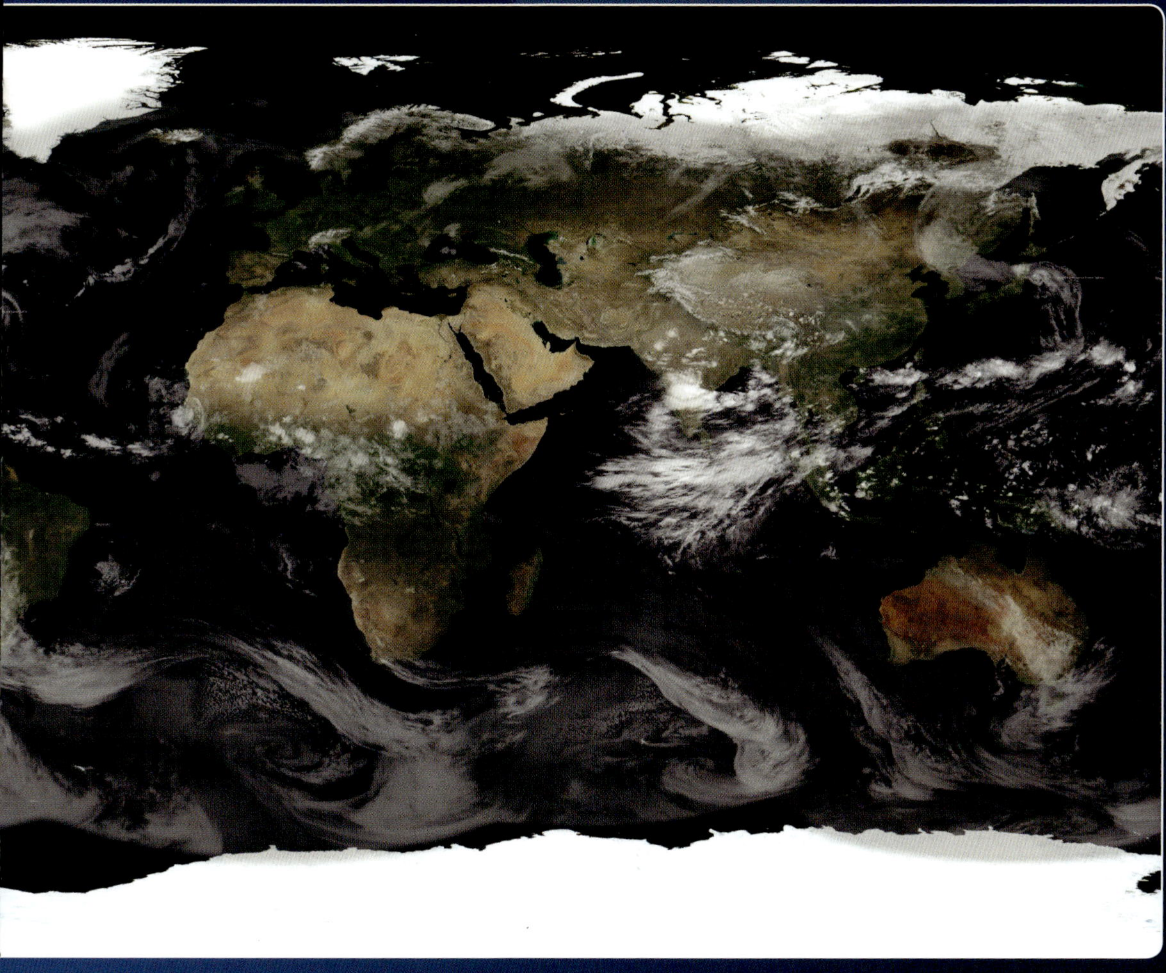

Betrieben werden die Satelliten der Meteosat-Reihe von der Europäischen Organisation für die Nutzung meteorologischer Satelliten, kurz EUMETSAT (European Organisation for the Exploitation of Meteorological Satellites), in Darmstadt. Entwickelt werden sie in enger Zusammenarbeit mit der Europäischen Raumfahrt Organisation ESA (European Space Agency), die in Darmstadt das Raumfahrtkontrollzentrum ESOC (European Space Operations Centre) betreibt und dort auch die Satelliten in der Startphase lenkt.

Der erste Meteosat (Meteosat 1) startete am 23.11.1977 von Cape Canaveral (USA) aus ins All und schickte damals aus einer Höhe von rund 36.000 Kilometern jede halbe Stunde ein Foto mit einer Auflösung von rund 5 km zu Erde. Seit 2004 ist der erste Meteosat der zweiten Generation (MSG-1, Meteosat Second Generation) im All. Die Auflösung seiner Bilder, die nun alle 15 Minuten die Erde erreichen, beträgt maximal 1 km. Die dritte Generation Meteosat (MTG, Meteosat Third Generation) ist ab 2021 geplant. Sie wird neben den bisherigen Funktionen Daten in einer deutlich höheren zeitlichen und räumlichen Auflösung bereitstellen und zum ersten Mal ein Instrument an Bord haben, das auch Blitze abbildet.

Derzeit gibt es noch vier aktive Meteosat-Wettersatelliten in einer Höhe von 36.000 km. Meteosat-11 ist der Hauptsatellit und steht auf der Hauptposition 0° über dem Äquator. Von hier erledigt er die Standardaufgaben der Meteosat-Reihe und schickt alle 15 Minuten Scans der kompletten Erdscheibe aus dem sichtbaren und dem Infrarotbereich. Meteosat-10 steht auf 9,5° Ost und scannt alle 5 Minuten (Rapid Scan) Europa, Afrika und die angrenzenden Seegebiete. Der auf 3,5° Ost stehende Meteosat-9 dient als Backup, falls Meteosat-10 und -11 einmal ausfallen sollten. Meteosat-8 steht auf 41,5° Ost, um das Wettergeschehen über dem Indischen Ozean im Auge zu behalten und Tsunami-Warnungen weiterzuleiten.

Alle Meteosat-Satelliten gehören zu den geostationären Satelliten. Das heißt, dass sie sich exakt in derselben Geschwindigkeit mit der Erde mitdrehen und stehen daher in Bezug auf die Erde scheinbar still. So sehen sie die Erde immer aus derselben Perspektive und können sich schnell entwickelnde Wetterphänomene (vor allem Gewitterzellen und Stürme) darstellen. Anhand der Auswertung der Daten kann man die Wolkenbewegung erkennen und damit indirekt auch einen Rückschluss auf die Windgeschwindigkeiten ziehen. Darüber hinaus können aus den Werten die Temperatur der Wolken und der sichtbaren Erdoberfläche sowie der Wasserdampfgehalt der Atmosphäre abgeleitet werden.

Neben den geostationären gibt es auch polarumlaufende Satelliten, zum Beispiel die MetOp-Satelliten. Sie umkreisen die Erde in einer Höhe von ca. 820 km und schicken so Daten von ständig wechselnden Orten. Für eine komplette Umrundung der Erde benötigen sie etwa 100 Minuten. Innerhalb von 12 Stunden haben diese Satelliten die komplette Erdoberfläche inklusive der Polarregionen einmal gescannt. Diese Satelliten sind vor allem für die Erstellung von Wettermodellen unverzichtbar. Sie bilden den Anfangszustand der Atmosphäre ab, der von den Wetterdiensten für die

Berechnung der weiteren Entwicklung des Wetters benötigt wird. Derzeit betreibt EUMETSAT drei dieser Satelliten (MetOp A, B und C). Durch ihre niedrige Höhe haben die Daten eine besonders gute Auflösung.

Darüber hinaus betreibt EUMETSAT im Auftrag der Europäischen Kommission im Rahmen des Copernicus-Programms noch zahlreiche andere Satelliten zur Erforschung von Wetter und Klima. Schwerpunkt der »Jason«-Reihe ist die Erforschung und Vorhersage der Meeresströmungen und des Wellengangs sowie die Bestimmung des Meeresspiegelanstiegs. Jason wurde dabei besonders für tropische Meere optimiert. »Sentinel 3« misst unter anderem die Temperatur von Meeres- und Landoberflächen.

Die geostationären Wettersatelliten der nationalen amerikanischen Wetterbehörde (NOAA) heißen GOES (Geostationary Operational Environmental Satellite). Aktiv sind derzeit die Satelliten GOES 13 bis 17. Sie werden neben der Wettervorhersage auch zur Hurrikan-Vorhersage und zur Klimaforschung genutzt.

REGENRADAR

Ein Regenradar ist genau genommen immer nur ein Rückblick und kann nie eine Vorhersage sein. Denn das Radar stellt zunächst einmal dar, wie viel Wasser in einer Wolke ist. Es sendet Mikrowellen aus, die von den Wassertropfen, Schneeflocken oder Eiskristallen reflektiert werden. Je mehr Strahlung zurückkommt, desto mehr Wasser ist in der Atmosphäre. Aus der Intensität dessen, was an Strahlung zurückkommt, lassen

sich mit den 2014 eingeführten Geräten auch Rückschlüsse darauf ziehen, welchen Aggregatszustand das Wasser hat, also ob es sich eher um Regentropfen oder um Eiskristalle handelt. Die Regenradare werden in Deutschland vom DWD an derzeit 17 Standorten betrieben. Die Radardaten sind für die Kurzfristvorhersage und für Unwetterwarnungen unverzichtbar. Darüber hinaus kommen auch Blitzsensoren zum Einsatz, die zusätzliche wertvolle Informationen über die Verlagerung von Gewittern liefern.

Auf einigen Wetterseiten im Internet und in Wetterapps findet man mittlerweile auch eine Vorhersage, wie sich die Regengebiete weiterentwickeln. Um dies vorherzusagen, gibt es zwei Möglichkeiten: Die Wetterapp des Deutschen Wetterdienstes nutzt Prognosemodelle. Das heißt, dass in den Zeitschritten der Zukunft Wettervorhersagen der Modelle des DWD hinterlegt sind. Andere Apps berechnen die Zugbahn der Regengebiete einfach linear weiter. Dabei wird bei einigen auch die Topografie mit einberechnet. Zieht ein Regengebiet zum Beispiel über einer ganz geraden Fläche von A nach Westen, ist die Wahrscheinlichkeit groß, dass es zu einer bestimmten Zeit in B ankommt. Liegt aber zwischen A und B ein Berg, hängt es von der Höhe des Berges und von der Höhe des Regenbandes ab, wie es weitergeht. Ist der Berg hoch und das Regenband deutlich niedriger, kann sich der Regen am Berg abregnen und wird B nicht erreichen. Insofern ist bei Radarvorhersagen, die Regengebiete linear weiterberechnen, immer eine gewisse Vorsicht geboten.

> Die Wetterkarte – die Erstellung der Wettergrafiken   Seite 142

> Es bleibt wechselhaft – die Texte entstehen   Seite 147

> Auf die letzte Minute – die Produktion des
Tagesschauwetters   Seite 149

> Mehr als nur eine Vorhersage – auch das Wetter für das
ARD-Mittagsmagazin kommt aus Frankfurt   Seite 154

Ein Blick hinter die Kulissen – so kommt das Wetter heute in die Tagesschau

A us einem Wetterbericht für die Tagesschau in den 1960er-Jahren sind mittlerweile ganz viele geworden, aus der »Wetterredaktion« des Hessischen Rundfunks das »Wetterkompetenzzentrum« der ARD. Hier entstehen heute nicht mehr nur die Wetterberichte für alle Ausgaben der »Tagesschau«, sondern auch die für das »ARD-Morgen«- und das »ARD-Mittagsmagazin«, die Vorhersagen im »ARD-Buffet«, bei »Live nach Neun« und das »Wetter vor acht« sowie die Vorhersage für die »Tagesthemen« und das »Nachtmagazin«. Aus Frankfurt kommen auch die kompletten Wettervorhersagen für den ARD-Nachrichtenkanal »Tagesschau 24« und die Wetterberichte für verschiedene Landesrundfunkanstalten, zum Beispiel die fünfzehnminütige Wettersendung »alle wetter!« im hr fernsehen.

Produziert werden in Frankfurt »unmoderierte« und »moderierte« Wetterberichte. »Unmoderierte Wetterberichte« sind die Wetterberichte, bei denen man einen Redakteur sprechen hört, aber nur eine Wetterkarte sieht, so wie beispielsweise bei den Wetterberichten in allen Ausgaben der Tagesschau. Bei »moderierten Wetterberichten« sieht man einen Wettermoderator, der im Studio vor der Wetterkarte steht. Das ist beispielsweise beim Wetter im »ARD-Mittagsmagazin« oder im »ARD-Buffet« der Fall.

Neben den Wetterberichten fürs Fernsehen erstellt das Wetterkompetenzzentrum der ARD auch Wetterberichte für Hörfunk, Videotext und Onlineauftritte (z. B. das Wetter auf www.tagesschau.de) sowie für die Tagesschau-App.

DIE WETTERKARTE – DIE ERSTELLUNG DER WETTERGRAFIKEN

B asis des Wetters in der Tagesschau sind die Wetterfilme, die noch immer mit dem Computerprogramm »TriVis« (siehe Seite 20) erstellt und den Tag über ständig aktualisiert werden. In den vergangenen mehr als zwanzig Jahren wurde das Pro-

gramm ständig weiterentwickelt und deutlich verbessert. Schnelle Computerprozessoren und größere Speichermedien machen es heute möglich, größere Datenmengen zu verarbeiten. Die Bewegungen der Wolken sind dadurch sehr viel weicher und die Darstellung der Wolkenstruktur deutlich feiner geworden. Die bessere Auflösung entsteht natürlich auch durch die besseren Basisdaten der großen Wettercomputer. Beim Wetter in der »Tagesschau« ist das Vorhersagemodell ICON des Deutschen Wetterdienstes Basis der Vorhersage (siehe Seite 131). Das Raster des Prognosemodells ist wesentlich kleiner als bei

früheren Modellen und die Auflösung dadurch deutlich besser. Lagen die Punkte, für die verschiedene Parameter wie Temperatur oder Bewölkung gerechnet werden, in den 1990er-Jahren noch 50 km auseinander, sind es derzeit nur noch 13 km.

Nachdem »TriVis« aus den Wetterdaten den »Rohfilm« berechnet hat, werden die einzelnen Bilder, die nur eine Wolkenfläche zeigen und noch keine Grenzen haben, mit weiteren Bildbearbeitungsprogrammen in Form gebracht. Zunächst werden die Übergänge zwischen den Bildern etwas weicher gemacht, damit die Wolken eine fließende Bewegung bekommen. Danach kommen die Ländergrenzen und Städtenamen auf die Karte.

Derzeit sind zehn Ortsnamen auf der »Wetterkarte« der Tagesschau zu finden. Nicht alle Orte sind Landeshauptstädte, nicht jede Landeshauptstadt ist auf der Karte abgebildet. Das hat verschiedene Gründe. Zum einen gibt es Landeshauptstädte – zum Beispiel Wiesbaden und Mainz –, die sehr nah beieinander liegen, oder andere – wie Saarbrücken –, die sich sehr nah an der Grenze befinden. Die ließen sich nur sehr schwer auf der Wetterkarte einzeichnen. Zum anderen ist es aus grafischen Gründen nur möglich, einige wenige Städte als Orientierungspunkt einzuzeichnen. Jede weitere Stadt würde unweigerlich zur Überfrachtung der Wetterkarte führen und die Wetterinformation, auf die es ja in erster Linie ankommt, in den Hintergrund treten lassen.

Zum Schluss kommt noch das Knowhow der hauseigenen Meteorologen dazu. Denn so gut heutige Computermodelle auch sind – ein guter Meteorologe ist in den allermeisten Fällen besser, und zwar nicht nur, weil er verschiedene Computermodelle miteinander vergleicht. Er kennt auch die regionalen Gegebenheiten, weiß in welchen Flusstälern sich wann Nebel bildet und kann Lee-Effekte von Bergen besser einschätzen. Deswegen werden die Wolkenfilme von den Grafikern in Absprache mit den Meteorologen nachbearbeitet.

Wolken können dabei sowohl in Ihrer Anzahl, als auch in Farbe, Form und Struktur verändert werden. Aus dicken,

dunklen Regenwolken können die Grafiker leicht helle Schleierwolken machen. Wolken können ganz verschwinden oder an Stellen eingezeichnet werden, an denen die Berechnungen der Wettercomputer keine gesehen haben. Genau das passiert vor allem bei Nebel häufig, der in vielen Wettermodellen nicht oder zu schwach berechnet wird. Hier helfen Grafiker und Meteorologen noch einmal nach. Nur bei stabilen Hochdrucklagen im Sommer, wenn über Tage keine Wolke am Himmel zu sehen ist, kann der Film auch einmal so bleiben, wie er ist.

Seit Jahren messen sich Meteorologen und Computer in einem wöchentlichen Wetterturnier. Hier gilt es, bis Freitag 15 Uhr das Wetter des Wochenendes für Berlin, Wien, Zürich, Innsbruck und Leipzig vorherzusagen. Punkte gibt es für die richtige Vorhersage der Bewölkung, der Maximal- und Minimal-Temperatur, der Sonnenscheindauer, der Windrichtung und -geschwindigkeit, der stärksten Windböe, des Luftdrucks, des Taupunkts, der Niederschlagsmenge und des »Wetterzustands«. Hier und da gewinnt an einem Wochenende zwar auch mal ein Computer, aber am Ende des Jahres, wenn alle Ergebnisse ausgewertet sind, liegt immer ein Meteorologe vorn.

Am Ende kommen Regen und Gewitter dazu. Auch da gehen die Berechnungen des Wettercomputers und die Meinung der Meteorologen gelegentlich auseinander. Deswegen werden auch Regen, Schnee und Schneeregen von den Grafikern nach Angaben der Meteorologen in den Film gefügt und am Ende gegebenenfalls noch durch Gewitter ergänzt.

Auch die Temperaturvorhersagegrafik ist zunächst nur eine farbige Fläche, auf die die Grafiker Ländergrenzen und Städtenamen setzen und dann nach Angaben der Meteorologen die Temperaturen hinzufügen.

Die Filme werden mehrmals am Tag
nachbearbeitet und aktualisiert, damit
das, was in der Wettervorhersage der
»Tagesschau« zu sehen ist, auch wirklich immer der aktuelle Stand der Vorhersage ist.

Sind die Filme auf dem neuesten Stand,
müssen sie für die Sendung in die richtige
Länge gebracht werden. Wie lang die einzelnen Filmsequenzen in der Wettervorhersage der Tagesschau sind, hängt von

der Wetterlage ab. Ist an einem sonnigen
Tag das Wetter für Deutschland schnell
erzählt, aber die Großwetterlage ändert
sich und bringt in den kommenden
Tagen einen Wetterumschwung, wird
der Überblick über die Großwetterlage
wichtiger und bekommt entsprechend
mehr Zeit. Der Überblick über die nächsten 24 Stunden wird dann entsprechend
etwas kürzer gehalten. Kündigen sich
aber Unwetter an, und das Wetter der
kommenden Stunden wird kritisch, wird
dem Wolkenfilm etwas mehr Zeit eingeräumt. Welche Filmsequenz wie lang
werden soll, entscheidet der Redakteur
des Wetterbeitrags. Er gibt die Länge
der einzelnen Filme den Kollegen der
Grafik vor, die dies dann entsprechend
umsetzen.

Eine Ausnahme sind die Grafiken für
die Kurzausgaben der »Tagesschau«. Wie

lang das Wetter dort ist, hängt immer auch ein bisschen von der aktuellen Nachrichtenlage ab. Ist viel in der Welt passiert, über das es zu berichten gilt, wird das komplette Wetter etwas kürzer. Damit die Redaktion der »Tagesschau« in Hamburg an dieser Stelle die nötige Flexibilität hat, gibt es keinen Wolkenfilm, sondern nur eine Karte mit Wolken, Temperaturzahlen und Wind. Auf diesen Film lässt sich dann von den Sprechern der »Tagesschau« ein Wetterbericht in beliebiger Länge lesen.

Nicht alle Wettergrafiken werden allerdings mit »TriVis« erstellt. Einige der Wetterfilme zeichnen die Grafiker ganz individuell. Dazu gehören der Wind und die Aussichten, aber auch die »Erklär- und Servicegrafiken«, die man im Wetterbericht des »ARD-Mittagsmagazins« oder der »Tagesthemen« sieht.

ES BLEIBT WECHSELHAFT – DIE TEXTE ENTSTEHEN

Die Moderatoren, die das Wetter präsentieren, sind nicht nur Moderatoren, sondern auch Redakteure. Das heißt, dass sie keine fremden Texte lesen, sondern ihre Wetterberichte selbst recherchieren und schreiben. Die Informationen über das Wetter bekommen sie von den Meteorologen des Hessischen Rundfunks. Dazu kommt dann noch die Recherche von aktuellen Wetterthemen, zum Beispiel für Wetterbilder aus dem Land. Einige Moderatoren sind Meteorologen und erstellen – in Absprache mit dem Meteorologenteam – die Wetterprognose selbst.

Der Tag in der Wetterredaktion fängt bereits früh an: Die ersten Schichten der Meteorologen beginnen schon um 4 Uhr morgens. Zunächst verschaffen sich die Wetterexperten einen Überblick über die aktuelle Wetterlage, arbeiten sich in die Vorhersage ein und schreiben dann die ersten kurzen Wetterberichte für die Kurzausgaben der »Tagesschau« sowie die Tagesschau-App und den Onlineauftritt »www.tagesschau.de«. Auch die Onlineangebote, der Videotext und natürlich die Hörfunkwellen verschiedener Landesrundfunkanstalten werden aus Frankfurt mit den ersten Wetterberichten versorgt.

Den Meteorologen des Hessischen Rundfunks stehen dabei Prognosemodelle aus aller Welt zur Verfügung. Basis der Grafiken sind die Vorhersagen des Deutschen Wetterdienstes, aber die Ergebnisse des amerikanischen, englischen oder europäischen Vorhersagemodells werden immer in die Vorhersage mit einbezogen. Dazu kommt dann noch der wichtigste Teil – die Erfahrung der Meteorologen. Diese erstellen die Prognosen für Deutschland im Allgemeinen und die Bundesländer im Besonderen als Text und als Karte. Der Text wird zum einen über interne Systeme direkt im Onlineangebot der Tagesschau auf »www.tagesschau.de« ausgespielt und in der Tagesschau-App gezeigt. Zum anderen sind Texte und Grafiken der Meteorologen auch Basis der Berichte und Präsentationen der Moderatoren und Redakteure.

Die von den Meteorologen erstellten Karten – beispielsweise mit der genauen Lage der Druckgebiete und ihren Zugbahnen in den kommenden 24 Stunden – geben nicht nur den Redakteuren eine erste bildliche Vorstellung davon, wo am nächsten Tag die höchsten Temperaturen erreicht werden oder wie es sich mit der Wetterlage über Europa verhält. Sie bilden auch die Informationsbasis für die Grafiker, die die »TriVis«-Filme mit den entsprechenden Informationen ergänzen.

AUF DIE LETZTE MINUTE – DIE PRODUKTION DES TAGESSCHAUWETTERS

Die ersten Redakteure und Moderatoren des Tagesschauwetters beginnen ihre Arbeit um 5:30 Uhr. Zunächst arbeiten sie sich in die aktuelle Wetterlage ein und erstellen anschließend die ersten Texte. Die ersten Ausgaben der »Tagesschau« um 9 Uhr sind nur 5 Minuten lang und haben daher auch nur einen sehr kurzen Wetterbericht von wenigen Sekunden. Er besteht aus einer Grafik und wenigen Zeilen Text, die von dem Sprecher der »Tagesschau« verlesen werden. Die »Tagesschau«-Redaktion in Hamburg bekommt dafür vom ARD-Wetterkompetenzzentrum Text und Grafik getrennt geliefert. So kann die Länge des Wetterberichts ganz flexibel der aktuellen Situation angepasst werden.

Die längeren Ausgaben der »Tagesschau« mit einer Sendezeit von 10 bis 15 Minuten bekommen einen fertigen Wetterbericht von 30 Sekunden Länge. Dazu erstellt der Wetterredakteur zunächst einen Text, der auf den Wetterinformationen der Meteorologen beruht. Die Bestandteile der kurzen Wettervorhersagen sind dabei immer der Wolkenfilm mit der Übersicht über das Wetter für die nächsten 24 Stunden sowie die Temperaturen des Tages und der Nacht.

Ihren Text geben die Redakteure an die Kollegen der Grafik, die zwischenzeitlich in enger Absprache mit den Meteorologen den Wolkenfilm erstellt haben und nun auf die richtige Länge bringen.

Meistens ist der Wolkenfilm in den kurzen Ausgaben der Tagesschau 20 Sekunden lang, die beiden Temperaturfilme jeweils fünf Sekunden. Bei besonderen Wetterlagen kann das aber variieren. Gibt es beim Wetter besonders wenig zu erzählen, aber die Temperaturen sind außergewöhnlich, wird der Wolkenfilm auch schon mal etwas kürzer und die Temperaturvorhersage etwas länger.

Haben die Grafiker die Wetterfilme auf die richtige Länge gebracht und aus den einzelnen Bestandteilen einen gesamten Wettervorhersagefilm erstellt, liest der Redakteure zur Kontrolle seinen Text zum Bild und überprüft, ob beides zueinander passt. Dann geht es in die Synchronisation, also in die Sprachaufnahme des Tagesschauwetters. Die Grafiken werden dazu in eines der Tonstudios beim Hessischen Rundfunk geschickt, wo der Redakteur die Texte zum Film spricht. Das fertige Produkt wird von Toningenieur und Redakteur kontrolliert und dann nach Hamburg übermittelt von wo aus die »Tagesschau« gesendet wird. Das geschieht für gewöhnlich wenige Minuten vor der Sendung, ist aber auch live möglich.

Die kurzen Wettervorhersagen bestehen immer aus den Bestandteilen Wolkenfilm und Temperaturen. Bei längeren Vorhersagen, beispielsweise dem Wetter in der »Tagesschau« um 20 Uhr, kommen noch die Wetterlage in Europa und die Aussichten für die kommenden Tage hinzu. Auch hier variieren die Längen der einzelnen Bestandteile aufgrund der Wetterlage.

Die Produktion für das Wetter der »Tagesschau« um 20 Uhr beginnt gegen 17 Uhr. Zu dieser Zeit werden die ersten Texte geschrieben und die Grafiken vorbereitet. Zwischen 18 und 19 Uhr bekommen die Meteorologen neue Vorhersagemodelle der Wetterdienste aus aller Welt. Nun werden Texte und Grafiken noch einmal auf den neuesten Stand gebracht und entsprechend verändert. Auch ein Blick auf das aktuelle Radarbild und die Messwerte der Stationen fließt in die Vorhersage mit ein. Gegen 19:45 Uhr wird das Wetter für die Tagesschau um 20 Uhr synchronisiert und im Anschluss – kurz vor 20 Uhr – direkt nach Hamburg zur »Tagesschau« übermittelt. Manches Mal schafft es der Film dabei buchstäblich auf die letzte Minute noch in die Sendung. Es gab aber auch schon Tage, an denen die Wetterkarte live aus Frankfurt eingesprochen werden musste, was aber bisher nur sehr selten vorkam. Aber zumindest ist auf diese Weise gesichert, dass das Wetter, das ab 20:14 Uhr in der »Tagesschau« zu sehen ist, wirklich der aktuelle Stand der Vorhersage ist.

Prinzipiell gilt, dass Moderatoren und Redakteure nicht nur eine, sondern mehrere Sendungen betreuen. Der Redakteur, der beispielsweise den Wetterbericht für die »Tagesschau« um 20 Uhr erstellt, macht auch denjenigen für die »Tagesschau« um 17 Uhr und für das »Nachtmagazin«.

Die Gesichter der Moderatoren, die das Fernsehwetter moderieren, kennt man. Von den Redakteuren des unmoderierten Tagesschauwetters kennt man allerdings nur die Stimmen. Deswegen an dieser Stelle die Gesichter zu den Stimmen des Tagesschauwetters um 20 Uhr.

In den Ausgaben der »Tagesschau« hat das Wetter einen sehr begrenzten Raum. Deswegen muss die Wortwahl klar und eindeutig und die Sätze kurz sein. So kann man die vielen Informationen, die so ein Wetterbericht hat, am besten erfassen. Deshalb gibt es bei der heutigen Wettervorhersage beispielsweise keine »Niederschläge« mehr, sondern es »regnet« oder es »schneit«.

Die Sprache beim Wetterbericht hat sich in den vergangenen Jahrzehnten aber insgesamt stark verändert. Das hängt auch mit der Geschichte des Tagesschauwetters zusammen. Während die Wettervorhersage der »Tagesschau« in den 1960er-Jahren noch aus amtlichen Texten der Behörde Deutscher Wetterdienst bestand, der von Grafikern des Hessischen Rundfunks bebildert wurde (siehe Seite 12 ff.), erstellen nun Redakteure die Texte des Wetterberichts. Das hat die Sprache ein bisschen weniger amtlich und dafür lockerer gemacht. Meteorologisch gesehen gibt es zwar immer noch »Tiefausläufer von den britischen Inseln«, aber die heißen heute eher »Wolkenband«. Aber auch die Lockerheit hat natürlich ihre Grenzen.

Welche Wettersituation wie heißt, ist dabei meteorologisch relativ genau definiert: Meteorologen teilen den Himmel in Achtel. Sprechen sie von null Achtel ist keine Wolke am Himmel, geht es um acht Achtel Bewölkung ist der Himmel bedeckt. Aber nicht alle Wolken vermitteln den gleichen negativen Eindruck.

Martin Daume

Joachim Pütz

Wolfgang Rossi

Stefan Schiebelhuth

Acht Achtel von hohen, dünnen Schleierwolken sind nicht das Gleiche wie acht Achtel dicker, niedrighängender Regenwolken. Auch das wird bei der Wortwahl berücksichtigt.

heiter: bis zwei Achtel tiefe oder mittelhohe Wolken, bis acht Achtel hohe Wolken

leicht bewölkt: zwei bis drei Achtel tiefe oder mittelhohe Wolken

wolkig: drei bis fünf Achtel tiefe oder mittelhohe Wolken

stark bewölkt: sechs bis sieben Achtel tiefe oder mittelhohe Wolken

bedeckt: acht Achtel tiefe oder mittelhohe Wolken

wechselnd bewölkt: unregelmäßig und sich ändernder Bedeckungsgrad mit tiefen und mittelhohen Wolken

Wird Regen- oder Schneefall beschrieben, werden im Tagesschauwetter meist diese Definitionen benutzt.

trocken: kein Niederschlag
leicht: 0,3 bis 2 Liter pro Quadratmeter in 12 Stunden
mäßig: 2 bis 10 Liter pro Quadratmeter in 12 Stunden
stark: über 10 Liter pro Quadratmeter in 12 Stunden

Natürlich versucht die Wettervorhersage das Wetter möglichst genau zu beschreiben. Bei manchen Wetterlagen ist das aber schwierig. Schauer lassen sich zum Beispiel am Abend vorher für den nächsten Tag kaum räumlich festlegen. Und selbst wenn man genau vorhersagen könnte, wo die Schauer niedergehen werden, würde man es in einem Wetterbericht nicht tun. Denn der würde bei der Aufzählung der vielen Orte unendlich lang werden. Deswegen helfen Worte wie »örtlich« oder »verbreitet« die Häufigkeit von Schauern besser einzuschätzen – auch wenn böse Zungen manchmal fragen: Wer möchte schon

in »örtlich« wohnen, wenn es da doch immer regnet?

vereinzelt, örtlich: Es gibt nur in sehr kleinen Teilen des Vorhersagegebietes Regen oder Schnee.

strichweise, gebietsweise: Regen oder Schnee betreffen Gebiete in Größe von Regierungsbezirken.

vielfach: Es regnet an vielen Orten, aber das müssen keine zusammenhängenden Gebiete sein – was bei einem Schauerwetter ganz typisch ist.

verbreitet: Es regnet an vielen Orten in mehr als der Hälfte des Vorhersagegebietes.

Auch die Beschreibung, wie lange es regnet oder schneit, ist definiert:

gelegentlich: hin und wieder einzelne Niederschläge in einem größeren zeitlichen Abstand

zeitweise: immer wieder Niederschläge in einem oder mehreren Zeitabschnitten wiederholt: mehrere aufeinanderfolgende Regen- oder Schneefälle

länger anhaltend: Niederschläge oder Schnee über mehrere Stunden hinweg

Unabhängig von Jahreszeiten und Sprachgebrauch gibt es klare Definitionen: Sinkt die Temperatur in der Nacht nicht unter 20 °C, sprechen Meteorologen von einer »Tropennacht«, steigt sie am Tag auf Werte über 25 °C von einem »Sommertag«. Werden 30 °C oder mehr erreicht, spricht man von einem »Hitzetag« oder »heißen Tag«, Tage mit Temperaturen über 35 °C werden als »Wüstentage« bezeichnet. Bleiben die Höchstwerte unter dem Gefrierpunkt, handelt es sich um einen »Eistag«. Liegt nur die Tiefsttemperatur unter 0 °C, handelt es sich um einen »Frosttag«.

Auch der Frost ist definiert: Kalt ist nicht gleich kalt und Frost nicht gleich Frost. Wenn die Werte bei bis zu −2 °C liegen, bezeichnen Meteorologen das als »geringen Frost«. Bei bis zu −5 °C sprechen sie von »leichtem Frost«. Bis −10 °C handelt es sich um »mäßigen Frost«, bis −15 °C herrscht »strenger Frost« und alles darunter ist »sehr strenger Frost«.

MEHR ALS NUR EINE VORHERSAGE – AUCH DAS WETTER FÜR DAS ARD-MITTAGSMAGAZIN KOMMT AUS FRANKFURT

Im Gegensatz zu den kurzen sehr nachrichtlich gehaltenen Wettervorhersagen der »Tagesschau« ergeben sich bei den moderierten Ausgaben sprachlich deutlich mehr Möglichkeiten. Da man den Moderator sieht und er auf einer Grafik etwas zeigt und erklärt, können die Sätze hier auch schon mal länger sein und mehr Nebensätze haben. Die moderierten Berichte sind auch deutlich länger und etwas »bunter«. Hier bekommt der Zuschauer nicht nur die reine Wettervorhersage für den aktuellen Tag und die folgenden Tage, sondern auch allerlei Hintergrundinformationen und Einordnungen zum aktuellen Wettergeschehen sowie – vor allem im »ARD-Buffet« und »ARD-Mittagsmagazin« – Verbraucher- und Serviceinformationen zu relevanten Wetterthemen. Wie wirkt sich zum Beispiel das Wetter auf den Preis der Erdbeeren aus oder welche Versicherungen zahlen welche Unwetterschäden?

Der Tag der Wettermoderatoren im »ARD-Mittagsmagazin« beginnt genau wie der Tag der Redakteure des Tagesschauwetters. Zunächst arbeiten sich die Moderatoren in die aktuelle Wetterlage ein. Haben sie sich einen Überblick verschafft, erfragen sie bei der Redaktion der Sendung, für die das Wetter gemacht wird: Was ist dort heute Thema? Haben die Kollegen ein Thema in der Sendung, das einen Wetterbezug hat? Kann man zu einem der Beiträge einen Wetterbezug schaffen? Wird beispielweise im »ARD-Buffet« mit Spargel gekocht, kann man zeigen, wie sich das aktuelle Wetter auf den Spargelpreis auswirkt. Im Anschluss an das Telefonat setzen die Moderatoren die Schwerpunkte der Wetterpräsentation. Das Wetter im »ARD-Mittagsmagazin« ist meist rund drei Minuten lang. Die Hälfte der Zeit ist die reine, klassische Wettervorhersage mit der Wetterlage über Europa, dem Wolkenfilm, den Temperaturen und den Aussichten. Bei Wetterlagen, in denen der Wind eine Rolle spielt, kommt noch eine klassische Windvorhersage hinzu.

In den anderen 90 Sekunden ordnen die Wettermoderatoren die Wetterlage ein, geben Servicetipps oder Hintergrundinformationen: Wie heftig wird das Unwetter am kommenden Tag? Mit welchen Folgen ist zu rechnen? Wie ungewöhnlich ist ein solches Ereignis?

Haben die Wettermoderatoren einen Überblick über die Wetterlage und die Themen der Wetterpräsentation festgelegt, geht es anschließend daran, die entsprechenden Informationen zu finden. Dabei hilft ihnen der CvD (Chef vom Dienst). Gemeinsam recherchieren die beiden die Details und überlegen zusammen mit den Grafikern, wie die Themen am besten grafisch umgesetzt werden können. Wann war es das letzte

Mal in Deutschland so heiß – vor 10 oder vor 100 Jahren? Wo ist es derzeit auch so kalt wie in Deutschland – in einem Gefrierfach oder am Nordpol? Was sind die wichtigen Punkte, und wie stellt man sie so dar, dass der Zuschauer sie in der kurzen Zeit erfasst?

Ein ständiger Bestandteil des Wetters im »ARD-Mittagsmagazin« sind kurze, aktuelle Filme aus Deutschland und der Welt, die das Wetter des Tages zeigen. Das können an einem sonnigen Tag einfach nur schöne Landschaftsaufnahmen sein, aber nach einem Unwetter auch Bilder der angerichteten Schäden. Entsprechende Bilder werden dem Wetter-kompetenzzentrum in Frankfurt von den Landesrundfunkanstalten der ARD aus ganz Deutschland zugeliefert. Manchmal sind die »Bilder des Tages« aber auch nicht aus Deutschland, denn die Fernsehanstalten überall auf der Welt tauschen ihr Bildmaterial aus. In der intern »Euro« genannten Übersicht über das Geschehen in aller Welt geht es meistens um politische Ereignisse oder Sportevents. Bei besonderen Wetterlagen wird aber auch das Wetter weltweit zum Thema. Ein Hurrikan in den USA, ein Hochwasser in Asien oder große Schnee-mengen in Österreich und der Schweiz schaffen es dann mit Filmmaterial in das Wetter des »ARD-Mittagsmagazins«.

B ei großen Ereignissen oder Ereignissen mit großer Bedeutung (das ist nicht immer dasselbe) gibt es einen extra Beitrag im »ARD-Mittagsmagazin« oder den »Tagesthemen« zu den Wettergeschehnissen. In diesem Fall ordnet der Wettermoderator das Wettergeschehen ein. Was bedeuten 400 Liter Regen auf den Quadratmeter innerhalb eines Monats in Indien, und wie viel ist das im Vergleich zu dem, was im selben Zeitraum in Deutschland fällt?

Nicht nur die Bestandteile, sondern auch die Länge des Wetters im »ARD-Mittagsmagazin« ist flexibel und hängt von der Wetterlage und der allgemeinen Nachrichtenlage ab. Der Wetterbericht kommt dort fast immer am Schluss und muss gelegentlich puffern, damit die Sendung pünktlich zu Ende ist. Ist in der Welt viel passiert, muss das Wetter ein bisschen kürzer treten. Ist das Wetter besonders spannend oder beispielsweise im Falle von Unwettern auch kritisch, bekommt das Wetter mehr Zeit eingeräumt. Wie lange die Wettervorhersage genau ist, entscheidet sich erst ganz am Ende, dann aber tatsächlich in der Sendung. Hat ein Interviewgast vorher vielleicht etwas länger gesprochen als geplant oder hat eine aktuelle Entwicklung erfordert, dass ein Beitrag länger wird, muss das Wetter kürzer werden. Wie lang das Wetter ganz genau sein darf, erfahren die Wettermoderatoren manchmal erst 1–2 Minuten, bevor sie auf Sendung gehen, weshalb sie noch ganz schnell ihren Text kürzen oder ganze Bestandteile aus der Präsentation werfen müssen. Deswegen machen sich die Moderatoren bereits bei der Planung ihrer Moderation darüber Gedanken, wo sie gegebenenfalls später kürzen oder auf welche Bestanteile sie notfalls ganz verzichten können. Sind alle Ideen für sämtliche Bestandteile beisammen, werden die einzelnen Teile mit den Kollegen der Grafik besprochen, die die Ideen von Redaktion und Grafik letztlich umsetzen. Anschließend schreiben die Moderatoren Ihre Texte und lesen diese später vor – zumindest einige. Manche Kollegen moderieren das Wetter auch völlig frei. Möglich ist das durch einen halbdurchsichtigen Spiegel, der vor der Kamera hängt und das Bild eines Computermonitors zeigt, der unter der Kamera hängt. Im Computer ist der Text gespeichert, der von einem Studioassistenten entsprechend der Sprechgeschwindigkeit des Moderators »weitergedreht« wird. Schaut der Moderator in die Kamera, sieht er den Text und kann ihn einfach vom sogenannten »Teleprompter« ablesen. Für den Zuschauer sieht es dann so aus, als spräche der Moderator ganz frei.

Ob geschriebener Text oder frei moderiert – die Grafiken benötigen stets die richtige Länge für die jeweilige Sendung. Auch bei den moderierten Wettervorsagen legen die Moderatoren die genauen Zeiten der einzelnen Bestandteile fest, und die Grafiker bringen die Wetterfilme auf die entsprechende Länge.

Im »ARD-Mittagsmagazin« ist der Wetterbericht fast immer der letzte Bestandteil der Sendung und beginnt damit immer kurz vor 14 Uhr. Gegen 12:30 Uhr gehen die Moderatoren in die »Maske« – übrigens auch die Männer. Denn das Licht im Studio ist gnadenlos und lässt jeden Menschen blass aussehen. Männer werden zumindest abgepudert und bekommen die Haare in Form gebracht. Frauen werden darüber hinaus ganz klassisch geschminkt. Mit der modernen Digitaltechnik haben sich auch das Make-up

und die Art des Schminkens geändert. Während in den 1990er-Jahren noch so stark geschminkt werden musste, dass die Moderatorinnen bei Tageslicht manchmal aussahen wie Clowns, kann und muss das Make-up heute sehr viel dezenter und natürlicher sein.

Gegen 13 Uhr werden die Grafiken ins System übermittelt und stehen dann im Studio zur Verfügung. Das Wetter für das »ARD-Mittagsmagazin« sowie das für die »Tagesthemen« oder das »Wetter vor acht« werden aus automatisierten Grünwand-Studios gesendet. Dort werden die beiden Kameras von einem Kameramann per Joystick über ein Pult bedient. Der Wetterbericht wird in der Grünwandtechnik aufgezeichnet. Das heißt, dass der Moderator in einem gänzlich grünen Studio steht und von

der Kamera aufgenommen wird. Das Bild wird in einen Computer eingespeist und dieser ersetzt alles, was grün ist, durch die Grafik, die man ihm vorher gegeben hat – also durch die Wolken- und Temperaturfilme. Das führt dazu, dass es für den Zuschauer vor dem Fernseher so aussieht, als würde der Moderator in einem Studio vor den Grafiken stehen, auch wenn er tatsächlich nur vor einer grünen Wand steht. Orientieren kann er sich ausschließlich mithilfe eines kleinen Monitors. Auf dessen Bildschirm sieht er »das gemischte Ausgangsbild« – also sich selbst im Studio vor der Grafik und damit genau das, was man als Zuschauer zu Hause sieht. Der Monitor, auf dem der Moderator sich sieht, steht genau so, dass es so aussieht, als schaue er auf die Karte neben sich. Weil der Computer dabei wirklich alles, was grün ist, ersetzt, dürfen Moderatoren in Grünwandstudios auch keine grüne Kleidung tragen. Ist es dasselbe Grün wie das des Studios, »verschwindet« der Moderator quasi in der Karte. Ist es ein ähnliches Grün, erscheint es im Fernsehen seltsam braun. Gegen 13:15 Uhr ist Probe für das Wetter im »ARD-Mittagsmagazin«. Dabei wird geschaut, ob alles gut passt, und der Text bekommt den allerletzten Schliff. Nicht alle Ideen vom frühen Morgen schaffen es am Ende auch tatsächlich in die Sendung – und das liegt nicht immer nur an der variablen Länge des Wetterberichts. Natürlich behalten die Kollegen aber die aktuelle Wetternachrichtenlage im Blick. Hat sich irgendwo ein Gewitter festgesetzt und für Überschwemmungen gesorgt, gibt es überraschend Bilder von einem Wetterphänomen oder gehen Wissenschaftler mit neuen Erkenntnissen an die Öffentlichkeit, wird die Wetterpräsentation kurz vor der Sendung noch einmal komplett umgestellt.

E twa 1–5 Minuten vor Beginn der Präsentation erhält der Moderator die exakte Sendelänge für das Wetter und entscheidet, ob er bestimmte Bestandteile verlängert, kürzt oder auch ganze Abschnitte aus der Sendung wirft.

In enger Zusammenarbeit mit den Meteorologen und einem ständigen Blick auf die aktuellen Daten werden die Texte hier bis zur letzten Minute aktualisiert. Grafiken neu zu erstellen dauert allerdings ein bisschen länger. An diesen lassen sich noch bis etwa 5 Minuten vor der Sendung Änderungen vornehmen. Der Text lässt sich dagegen im wahrsten Sinne des Wortes noch in letzter Minute ändern. So sind auch die moderierten Wettervorhersagen der ARD immer auf dem aktuellen Stand und enthalten die neuesten Informationen.

Bibliografische Information der Deutschen Nationalbibliothek
Die Deutsche Nationalbibliothek verzeichnet diese Publikation
in der Deutschen Nationalbibliografie; detaillierte bibliografische Daten sind im Internet über http://dnb.dnb.de abrufbar.

1. Auflage
ISBN 978-3-667-11829-5
© Delius Klasing & Co. KG, Bielefeld

Lektorat: Felix Wagner
Covergrafik: Hessischer Rundfunk
Innenteilfotos: Armin Alker (24/25, 30, 36, 40, 41, 42/43, 44,
45 unten, 46/47, 53, 64, 65, 71, 73, 75, 79, 82 unten links, 101,
109, 110/111, 112, 115, 117, 118, 120, 121, 122 oben links, 152,
153), Michael Apitz (161), Dr. Ingo Bertram (51 oben, 55, 61,
62/63, 66, 68, 89, 92/93, 94, 95, 103, 108), Cloud Appreciation
Society (45 oben), Martin Daume (151 oben links), Deutscher
Wetterdienst (135), Eumetsat (100, 136/137, 137 oben), Figuier:
Les Merveilles de la Science (90), Silke Hansen (33, 50, 59, 70,
85, 105, 133, 155), Museum Wiesbaden/Bernd Fickert (69), Ed
Hawkins (122/123 unten und 123 Mitte), Hessischer Rundfunk
(12, 14, 15, 16, 17, 19), Jonas Piontek (0, 2, 4/5, 27, 37, 48, 51
unten rechts, 77, 83, 86/87, 97, 98, 106, 116, 128, 131), Joachim
Pütz (151 oben rechts), Wolfgang Rossi (6/7, 18, 144, 147, 151
unten links, 157, 158/159), Dr. Klaus Rübsamen (35, 39, 125 Mitte
links), Stefan Schiebelhuth (151 unten rechts), Dr. Cassandra
Walker (125 unten).
Illustrationen: Hessischer Rundfunk
Einbandgestaltung: Felix Kempf, fx68.de
Layout: Jörg Weusthoff von Kirchbach,
Weusthoff Noël kommunikation.design, Hamburg
Lithografie: Mohn Media, Gütersloh
Gesamtherstellung: Print Consult, München
Printed in Czech Republic 2020

Alle in diesem Buch enthaltenen Angaben und Daten wurden
von der Autorin nach bestem Wissen erstellt und von ihr sowie
vom Verlag mit der gebotenen Sorgfalt überprüft. Gleichwohl
können wir keinerlei Gewähr oder Haftung für die Richtigkeit,
Vollständigkeit und Aktualität der bereitgestellten Informationen
übernehmen.

Delius Klasing Verlag, Siekerwall 21, D - 33602 Bielefeld
Tel.: 0521/559-0, Fax: 0521/559-115
E-Mail: info@delius-klasing.de
www.delius-klasing.de

Quellenangaben

1. Jaap J. A. Denissen et al.
(2008): The Effects of Weather
on Daily Mood: A Multilevel
Approach, Emotion Vol. 8, No. 5,
662–667, 2008 by the American
Psychological Association.
2. Theo Klimstra, Jaap J A Denissen et al. (2011): Come Rain or
Come Shine: Individual Diffe-
rences in How Weather Affects
Mood, Emotion Vol. 11, No. 6,
1495–9, 2011 by the American
Psychological Association.
3. Anne Hofmann, Walking on
sunshine, www.spektrum.de
3.4.2014.
4. Forgas, J.P. et al. (2009): Can
bad weather improve your
memory? An unobtrusive field
study of natural mood effects
on real-life memory. Journal of
Experimental Social Psychology
45(1): 254–257
5. Jordan Gaines Lewis, Reverse
Seasonal Affective Disorder:
SAD in the Summer, www.psy-
chologytoday.com, 14.1.2015
6. Lynda Hamaoui- Laguel et al.
(2015): Effects of climate change
and seed dispersal on airborne
ragweed pollen loads in Euro-
pe. Nature climate Change 5,
766–771.
7. Fernando, N, Panozzo, JF,
Tausz, M, Norton, R, Fitzgerald,
G and Seneweera, S. (2012)
Rising atmospheric carbon di-
oxide affects mineral nutrient
and protein concentration of
wheat grain. Food Chemistry
133 1307–1311

Silke Hansen

Schon während ihres Geographiestudiums arbeitete Silke Hansen Ende der 1980er-Jahre als „Wetterwoman" beim Radiosender SWF 3. Mit ihrem Studienabschluss wechselte sie 1992 als Wettermoderatorin zum Fernsehsender Südwest 3, 4 Jahre später in die Wetterredaktion des Hessischen Rundfunks. Seit 2000 ist Silke Hansen deren Leiterin und verantwortet das Wetter der ARD (z. B. Mittagsmagazin, Tagesschau). Über viele Jahre hinweg hat sie Motorsportteams in Wetterfragen beraten (z. B. 2001–2003 BMW Williams in der F1).

FÜR MEINEN PAPA